2019年　2019（总第22册）

主办单位：中国建筑出版传媒有限公司（中国建筑工业出版社）
教育部高等学校建筑学专业教学指导分委员会.
全国高等学校建筑学专业教育评估委员会
中国建筑学会
协办单位：清华大学建筑学院　　　　　同济大学建筑与城规学院
东南大学建筑学院　　　　天津大学建筑学院
重庆大学建筑城规学院　　哈尔滨工业大学建筑学院
西安建筑科技大学建筑学院　华南理工大学建筑学院

顾　　问：（以姓氏笔画为序）
齐　康　关肇邺　李道增　吴良镛　何镜堂　张祖刚　张锦秋
郑时龄　钟训正　彭一刚　鲍家声

主　　编：仲德崑
执行主编：李　东
主编助理：屠苏南

编 辑 部
主　　任：陈夕涛
编　　辑：徐昌强
特邀编辑：（以姓氏笔画为序）
王　蔚　王方戟　邓智勇　史永高　冯　江　冯　路　李旭佳
张　斌　顾红男　郭红雨　黄　瓴　黄　勇　萧红颜　谭刚毅
魏泽松　魏皓严
装帧设计：编辑部
平面设计：边　琨
营销编辑：柳　涛
版式制作：北京雅盈中佳图文设计公司制版

编委会主任：仲德崑　朱文一　赵　琦
编委会委员：（以姓氏笔画为序）
丁沃沃　马树新　马清运　王　竹　王建国　王洪礼　毛　刚
孔宇航　吕　舟　吕品晶　朱　玲　朱小地　朱文一　仲德崑
庄惟敏　刘　甦　刘　塨　刘加平　刘克成　关瑞明　孙　澄
孙一民　杜春兰　李　早　李子萍　李兴钢　李岳岩　李保峰
李振宇　李晓峰　时　匡　吴长福　吴庆洲　吴志强　吴英凡
沈　迪　沈中伟　张　利　张　彤　张　颀　张玉坤　张成龙
张兴国　张伶伶　张珊珊　陈　薇　陈伯超　邵韦平　范　悦
周若祁　单　军　孟建民　赵　辰　赵万民　赵红红　饶小军
秦佑国　桂学文　夏铸九　顾大庆　徐　雷　徐行川　徐洪澎
凌世德　唐玉恩　黄　耘　黄　薇　梅洪元　曹亮功　龚　恺
常　青　常志刚　崔　愷　梁　雪　梁应添　韩冬青　覃　力
曾　坚　魏宏扬　魏春雨
海外编委：张永和　赖德霖（美）黄绯斐（德）王才强（新）何晓昕（英）

编　　辑：《中国建筑教育》编辑部
地　　址：北京海淀区三里河路9号　中国建筑出版传媒有限公司　邮编：100037
电　　话：010-58337110（7432，7092）
投稿邮箱：2822667140@qq.com
出　　版：中国建筑工业出版社
发　　行：中国建筑工业出版社
法律顾问：唐　玮

CHINA ARCHITECTURAL EDUCATION
Consultants:
Qi Kang° Guan Zhaoye Li Daozeng Wu Liangyong He Jingtang
Zhang Zugang Zhang Jinqiu Zheng Shiling Zhong Xunzheng
Peng Yigang Bao Jiasheng
President:　　　　　　　　　**Director:**
Shen Yuanqin　　　　　　　　　Zhong Dekun Zhu Wenyi Zhao Qi Xian Daqing
Editor-in-Chief:　　　　　　**Editoral Staff:**
Zhong Dekun　　　　　　　　　Xu Changqiang
Deputy Editor-in-Chief:　　　**Sponsor:**
Li Dong　　　　　　　　　　　China Architecture & Building Press

图书在版编目（CIP）数据

中国建筑教育.2019．总第22册/《中国建筑教育》编辑部编.—北京：中国建筑工业出版社，2020.6
ISBN 978-7-112-25153-7
Ⅰ.①中… Ⅱ.①中… Ⅲ.①建筑学-教育研究-中国 Ⅳ.①TU-4
中国版本图书馆CIP数据核字（2020）第082672号

开本：880×1230毫米 1/16　印张：8　字数：294
2020年6月第一版　2020年6月第一次印刷
定价：30.00元
ISBN 978-7-112-25153-7
（35895）

中国建筑工业出版社出版、发行（北京海淀三里河路9号）
各地新华书店、建筑书店经销
北京建筑工业印刷厂印刷
本社网址：http：//www.cabp.com.cn 中国建筑书店：http：//www.china-building.com.cn
本社淘宝天猫商城：http：//zgjzgycbs.tmall.com 博库书城：http：//www.bookuu.com
请关注《中国建筑教育》新浪官方微博：@中国建筑教育_编辑部
请关注微信公众号：《中国建筑教育》
版权所有　翻印必究
如有印装质量问题，可寄本社退换
（邮政编码 100037）

版权声明
凡投稿一经《中国建筑教育》刊登，视为作者同意将其作品文本以及图片的版权独家授予本出版单位使用。《中国建筑教育》有权将所刊内容收入期刊数据库，有权自行汇编作品内容，有权行使作品的信息网络传播权及数字出版权，有权代表作者授权第三方使用作品。作者不得再许可其他人行使上述权利。

目 录

EDITORIAL
Theme Global Architectural History Education and Research

专辑前言

　　2019 年 5 月 18~19 日，西安建筑科技大学主办了第八届世界建筑史教学与研究国际研讨会，就教学与研究的新视野与新方法、建筑教育体系中的世界建筑史教学，建筑史与建筑考古，建筑遗产保护与教学研究以及世界建筑史教学用书的自主性与多样性五个主题展开讨论。收入本专辑中的 15 篇论文主要是针对前四个主题展开的思考与探索，前两个主题在编选时统一并入"新视野与新方法"栏目。

　　2005 年，东南大学建筑学院首次举办了此研讨会。15 年来，建筑历史与理论的教学研究发生了诸多改变，从课本知识导向，逐步进入到更加多元和丰富的跨文化视野的专题史论研究（第二届主题，同济大学）；面对全球化语境下本土建筑教育与创作中面临的话语权困境，我们积极回应东西方建筑思想的交汇与碰撞（第三届主题，清华大学），同时不懈地探索适合于中国建筑设计和教育的发展道路（第四届主题，天津大学）；建筑学、城乡规划学和风景园林学三个一级学科并立带来了格局根本性的改变，在此语境下探索如何建立更具学科针对性的建筑史学教育框架（第五届主题，重庆大学）；而如何应对互联网技术发展带来的对建筑史教学、研究产生的影响也是一个需要持续探究与思考的问题（第六届主题，哈尔滨工业大学）；本就具有跨学科属性的建筑史与艺术史、美学、考古学、历史地理学、遗产保护理论等相关领域边界的日益模糊使得建筑史的教学与研究延展更广、探索益深（第七届主题，华南理工大学）。

　　而从本次研讨会的论文与发言来看，建筑史教学专题化、系统化、特色化的趋势越发清晰，可以说已然汇成主流。教学的主要目的，在于激发学生对于学术问题的探索欲，使其掌握基本的研究工作方法，培养分析问题和独立思考、研究的能力，使其能够领略到学术研究的魅力，并养成不断扩展自身的知识领域、扩充知识储备和提升学术技能的习惯。

　　本专辑的出版，恰时隔一载，世界发生了诸多改变。在知识传递的路径与法则已经发生根本变化的当下，教师与学生之间的知识差、信息差日渐缩小，作为专业教师的我们应该换个站点，以知识网络的建设者的角色身份再度审视和思考"教什么"和"怎么教"这两个一直都摆在我们面前的基本问题。

　　最后，感谢为本专辑编辑与出版辛苦工作、付出良多的李东主编，为第八届世界建筑史教学与研究国际研讨会审稿的各位评委老师，西安建筑科技大学建筑遗产保护教研室的全体老师和研究生同学。尤其要感谢的是积极支持本届研讨会、分享自己的教学实践与思考的各位与会学者。

林　源

2020 年 6 月于西安冶园·主楼

新视野与新方法
New Vision and Method

《外国建筑史》课程中的批判性思维培育实验及思考

欧阳虹彬　张卫

Experiment and Reflection on the Critical Thinking Training in the Course of Foreign Architecture History

■ 摘要：《外国建筑史》是一门建筑学、城乡规划学本科阶段的重要专业核心理论课程，讲授史实是其主要教学方式，被动听课使学生的学习效果大打折扣。如何激发学生以史为据、不断质疑、探究，培育其批判性思维，是教学改革极具挑战性和价值的方向。参考加里森的批判性思维过程模型和保罗的批判性思维元素及评价模型，围绕现代建筑派的教学进行实验，通过提出问题、建立框架、深入研究、建构结果 4 个阶段，依据一定标准、依次培育学生不同的批判性思维元素，学生的学习热情、讨论积极性高涨，课堂交互讨论时学生提问的数量和质量有较大改善，反映出其批判性思维能力的提升。建议建立更系统的批判性思维培育模式，进一步提升培育效果。

■ 关键词：批判性思维　过程　元素　标准　教学实验

Abstract："Foreign Architecture History" is an important core theory course. The way the course is taught is teaching historical facts, which makes the effect of learning is greatly reduced while the students only passively listen to the teacher's. How to arouse students to take historical facts as a basis to constantly question and explore and to train their critical thinking skills is a challenging and valuable direction of teaching reform. Referring to Garrison's Critical Thinking Process Model and Paul's Critical Thinking Element Model, an experiment around the Modern Architecture School was conducted. Four stages of questioning, setting up framework, studying intensively and constructing conclusions were included in the experiment, and different critical thinking skills were trained in different stages. The students' enthusiasm for learning and discussion rose high and the quantity and quality of students' questions in the class interactive discussion was greatly improved which showed the enhancement of the students' critical thinking ability. It is suggested that a more systematic critical thinking training mode established.

Keywords：Critical Thinking；Process；Elements；Standards；Training Experiment

湖南大学教学改革专项基金：批判性思维培育视角下的《外国建筑史》教学改革研究

1 前言

作为建筑学和城乡规划学本科阶段的重要专业核心理论课程，《外国建筑史》围绕以欧美为主线的外国古代及近现代建筑的发展而展开。史实讲授是其主要授课方式，学生们听的时候觉得有趣，考试后迅速忘记；而且在信息化时代，相关建筑历史知识在网络上非常丰富，学生可以自己获取许多相关信息[①]。那么，"建筑史"教学就是传授"建筑死"吗？建筑史教学的目的和意义究竟是什么？毫无疑问，建筑史实讲授是建筑史教学中的重要部分，是深入学习的基础；但若只讲授史实，学生只是学习了一系列"知识点"，并不能很好地内化；而若基于建筑史实教学，有意识地培育学生的批判性思维，使之具备较独立的反思历史的能力，就可促使其将"知识点"内化，并建立自己的历史观。因此，培育学生的批判性思维应是该课程的基本目标之一，也是进行教学改革极具价值的方向[②③]。

2 基于批判性思维过程、元素及评价模型的教学实验设计

批判性思维是有目的的、自我校准的判断[④]。基于加里森（Garrison D.R.）的批判性思维过程模型、保罗（Paul R.）的批判性思维元素及评价模型，对《外国建筑史》课程进行教学实验设计。

2.1 批判性思维过程、元素及评价模型

加里森等认为批判性思维过程是问题解决过程，主要包括四个阶段：(1) 起始阶段（触发事件），包含发现问题和迷惑感；(2) 探究阶段（思考探究），包含信息发散、信息交换、建议考虑、头脑风暴、跳跃的结论等；(3) 整合阶段（观点整合），包含小组成员等间的信息聚敛、观点关联和综合、创造解决方案等；(4) 总结阶段（应用实践），找到解决方案[⑤⑥]。

保罗提出批判性思维的基本元素包括目的、问题、信息、概念、推论、假设、结论与意义、观点等，这些元素相对独立又相互关联。其中，人们对事物的思考总是与其目标、需求及价值观相一致；而问题是思维发展的驱动力量，问题质量对思考的深度和价值有很大的影响；信息包括事实、数据和经验等；概念是我们在解读、分类

或整合信息时所凭借的整体观点；推理则是依据特定问题做出的分析、解释等过程；假设是指推论的前提条件；结论是依据一定的信息所得出的另一些结论信息；观点反映了理解事物的方式[⑦]。

而且，保罗等还提出批判性思维的检验标准，主要包括清晰性、准确性、精确性、相关性、深度、广度、逻辑性、公正性，并指出检验标准应与思维元素结合。其中，清晰性是指可理解和能领会含义，是最基本的要求；准确性与真实、准确程度相关；精确性要求精确到必要的详细程度，与细节有关；相关性是指与问题是关联的，其会影响到思维的严谨性与有效性；深度则与问题的复杂性、难度等有关；广度则与思维的广阔程度关联，要求考虑多重的观点；逻辑性是对思考顺序的合理性的考量；公正性则意味着应在情境中进行公平的思考，应是合理的、非片面的[⑧]。

2.2 批判性思维培育实验框架设计

借鉴加里森的批判性思维过程模型，将批判性思维培育也视为一个完整的问题解决过程。因此，可以围绕知识点，设置开放性课题，将该课题完成过程划分为提出问题、建立框架、深入研究、建构结果四个阶段，来培育学生的批判性思维。

提出问题阶段要求学生围绕知识点的学习，提出有价值的研究问题，主要培育的批判性思维元素是明确目的和提出问题，以清晰性和相关性为目标，教师引导学生思考——并对问题的质量和大小进行把控。建立框架阶段要求学生建立研究框架，提交研究思路图，主要培育的批判性思维元素是使用信息、建构概念、提出假设，以逻辑性、准确性为主要目标，教师参与小组讨论，提出建议。深入研究阶段要求学生进行深入研究并初步形成完整的成果，主要培育的批判性思维元素是推论，以深刻性、广阔性、精确性为主要目标，教师会收集研究成果，进行初步评价和分类。建构结果阶段要求学生通过班级交互讨论、小组反思等建构研究成果；除了进一步完善初步成果，还要求学习小组提交包含思维导图、研究结论、延展问题等的研究总结，培育的批判性思维元素是明晰结论与意义、建构观点，教师会围绕学习主题组织学生进行课堂交互讨论，使学生从多视角来审视同一研究问题，以提高其思维公正性（表1）。

批判性思维培育实验框架　　　　　　　　　　　　　　　　　　　　　　表1

培育阶段	提出问题	建立框架	深入研究	建构结果
主要培育思维元素	明确目的提出问题	使用信息、建构概念、提出假设	进行推论	明晰结论与意义建构观点
培育目标	相关性、清晰性	逻辑性、准确性	深刻性、广阔性、精确性	公正性
任务分配	教师引导思考、把控问题质量	教师参与讨论、提出建议	教师评阅成果、进行初步评价、分类	围绕学习主题，教师组织学生进行课堂交互讨论
	学生自主提出"好"的问题	学生提出分析框架	学生进行深入研究、初步完成成果	通过班级交互讨论、小组反思，建构研究成果
主要成果	有价值的研究问题	研究思路图	完整的分析成果	思维导图、研究结论、延展问题

2.3 教学实验组织设计

《外国建筑史》在教学计划中为48学时，在本科二年级开设，主要包括上古、中世纪、资本主义萌芽、工业革命后的新建筑运动、多元化等时期的欧美建筑史，目前以讲授为主。其中，"现代建筑派"是新建筑运动的核心内容，为10学时，本次教改实验以该部分为对象。

基于上述框架，结合"现代建筑派"，进行具体的实验安排。该实验包括课内和课外两部分，其中课外部分是分组完成开放性课题研究，集中作业时间4周，小组反思时间0.5周，相当于课外学时18学时，课堂部分10学时。开放性课题的要求为：学生自行分组，针对现代建筑派的5位大师，通过自主学习教材内相关内容、课外相关参考资料，提出有价值的问题，进行有逻辑的研究，得出相应的研究结论。在开放性课题研究完成之后，再围绕现代建筑派的学习重点与难点，基于作业进行课堂交互讨论，讨论时间8学时，对该部分内容总结2学时。教学实验的班级为建筑学2017级，共125人，共分为31个学习小组，整个实验过程包含上文中提到的四个阶段（图1）。

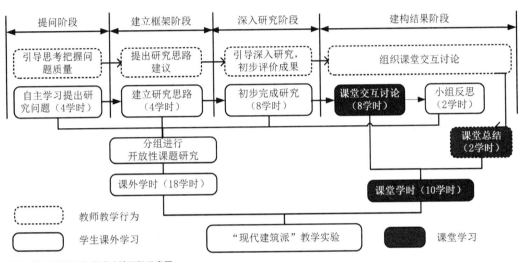

图1 "现代建筑派"教学实验组织示意图

3 围绕"现代建筑派"的教学实验过程与效果

基于"现代建筑派"的实验组织设计进行教学，并对过程和效果进行记录。

3.1 提出问题阶段（课外4学时）

在这一阶段，由学生围绕课本相关内容、课外参考书自主学习，要求以学习小组为单位提出一个较小的、有研究价值的问题。对于教师而言，引导学生思考非常重要，把握问题质量是关键。以清晰性、相关性为主要培育目标，借鉴苏格拉底式提问法，在参与学生讨论时，会问的问题包括："研究问题是什么？""为什么会选择研究这个问题？""通过研究想要得到什么？""为什么选择研究A（问题）而不是B（问题）？"

在具体的操作过程中，发现的突出困难是学生没有提出明确的问题与目的，比如经常会遇到学生讨论时说"我想研究一下莱特的有机建筑理论"，而若进一步问他："你的目的是想通过研究得到些什么？"学生则无言以对。这时需要教师引导学生去发现让他（她）自己好奇的问题，并理解问题导向下的研究与一般的资料搜集存在差异，来促进其提出"好问题"。学生也会提出相当"宏大"的问题，比如也有学生想研究"莱特的有机建筑理论"，其目的也非常明确，是"研究其在不同阶段的代表性建筑和从建筑实践中反映出来的理论的演变"，但此时，教师需要把控的是问题规模，在学生有限的知识积累和时间内，题目太大会使其研究流于肤浅，需要引导其对问题进行聚焦，以使其后面阶段的思维训练达到相应效果。同时，学生提出的问题有时比较含糊，比如，有学生想研究"格罗皮乌斯对功能性和经济性的偏重"，但若问他："为何要研究两个主题？两者之间是否一定存在关联？"学生则不能很好地回答，通过教师的质疑提问，促进学生进一步思考自己问题的边界及问题所包含内容的相关性。

通过这一阶段，实验班级的学习小组基本能提出一个规模恰当、有较清晰研究边界和目的的题目（表2），训练了明确目的、提出问题等思维元素，同时为展开其他思维元素的有效训练打下基础。

学习小组序号	研究选题
1	对阿尔瓦·阿尔托在建筑及家具领域里弧形的运用的研究
2	格罗皮乌斯在建筑上对功能性的考虑
3	密斯柱子的形成与发展
4	阿尔瓦·阿尔托建筑设计中对于地形的认识与使用
5	阿尔瓦·阿尔托内心的"巴洛克"在建筑中的体现探究
6	格罗皮乌斯与建筑制造工业化
7	包豪斯思想的产生以及为何成为现代建筑教育体系的根基
8	探究赖特的建筑如何与自然融合
9	赖特对日本建筑元素的吸收与运用
10	模度与模数
11	蕴藏在玻璃幕墙下的密斯式美学
12	格罗皮乌斯的几何
13	关于柯布西耶多米诺体系的探究
14	柯布西耶色彩键盘在其建筑中的应用
15	柯布西耶的模数理论
16	柯布西耶的屋顶花园
17	阿尔瓦·阿尔托的曲线的生长模度
18	阿尔瓦·阿尔托与埃萨·皮罗宁建筑立面表现中芬兰地域性表达的对比研究
19	柯布西耶与底层架空理论发展与应用
20	从墙的演变看密斯建筑空间
21	赖特别墅住宅作品的出檐的研究
22	柯布西耶的楼梯设计
23	包豪斯的教学体系
24	流动空间的理解暨初步量化
25	多米诺体系是怎样建立起来的
26	阿尔瓦·阿尔托眼中的木材
27	阿尔瓦·阿尔托的白与白
28	柯布西耶的突出小体块
29	赖特的混凝土编制体系的产生与发展
30	网格化——被困住的密斯
31	从柯布西耶画作中的曲线到建筑中的曲面

3.2　建立框架阶段（课外4学时）

在本阶段，要求学生基于研究问题与目的，进一步搜集信息，明晰概念，建立假设，从而建立研究框架。对于教师而言，以逻辑性、准确性为主要思维培育目标，在参与研究思路图的讨论时，要着重关注其信息是否可靠、概念是否准确、研究内容之间的关系及顺序是否合理、研究假设是什么等。

学生在该阶段，常表现出缺乏建构概念及其之间关系的能力，使框架表达较为流于现象描述，这不利于其进行深入研究，教师需要引导其透过表层信息建构概念。如第6学习小组想研究格罗皮乌斯的建筑工业化思想的演变，其研究框架中对于格氏的建筑工业化思想的变化是从时间来界定的，与时间相对应地去研究不同的建筑工业化实践，所有的研究节点都是对现象的描述；在教师参与讨论的过程中，发现其研究框架中的节点可能与几个概念有关：标准化、配件（模块）、组合（装配）等，因此建议其深化研究框架，从而真正建立研究内容间的逻辑关系（图2）。

也有学生会对如何推进研究感到困难。教师会鼓励其基于研究假设，有逻辑地推动研究思路的建立。如第27组的研究框架就是依循这样的方法展开的，其框架中的"是否跟风？""战争背景？"等均是对演变原因的假设（图3），也是其在研究中将要去证明的节点。

同时，在研究框架的逻辑顺序上也会出现需要调整的地方。如第10组研究柯布西耶的模度理论，其对模度理论"适用性"的思考，将其放置于对模度理论进行系统的研究之后更加合理，因此，建议其调整研究框架的逻辑顺序。

通过该阶段，各学习小组在概念建构、研究假设方面都更进一步清晰，使其研究逻辑得到加强，批判性思维得到训练。

3.3　深入研究阶段（课外8学时）

在本阶段，要求学生基于研究框架，搜集更丰富、精确的信息，进行分析、解释等推论，完成完整的

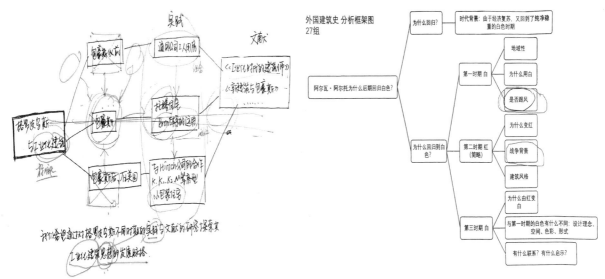

图 2 分析框架建构：由现象走向概念建构   图 3 分析框架建构：基于假设展开

研究过程，初步形成结论。对于教师而言，以深刻性、广阔性、精确性为主要思维培育目标，在随机参与学习小组的研究过程的讨论时，着重关注其信息是否充足、不同现象或观点间的关联、加深研究深度的可能性等；同时收集学生作业，针对其问题质量、思路合理性、信息丰富度、深度与广度等进行初步评价，区分作业等级，并结合授课重点与难点，筛选出在课堂上发言的小组。

从上交的学生作业来看，能依据框架深入研究的小组的作业完成情况较理想，比如"1111"小组研究的"格罗皮乌斯与建筑工业化"，其将格罗皮乌斯的工业化思想归纳为模块化（Construction Kit）和流水线（Assembly Line）（图4）。同时，学生的批判性思维能力差异也较明显地体现出来，能力较强的学习小组在研究内容组织、信息丰富度、结论的说服力等方面均有不错表现（图5）。

最终，围绕"现代建筑派"的授课重点与难点，确立"时代背景""形式建构法则""空间特性"三个主题，筛选出14个学习小组，安排其在课堂上陈述其研究成果。

3.4 建构结果阶段（课外2学时，课堂10学时）

围绕上述三个主题，让学习小组基于其作业进行课堂陈述，其他学生针对其陈述内容进行提问。教师引导学生进行合理质疑和提问。课后要求学习小组反思、完善研究，并完成作业总结。

从交互讨论现场来看，学生学习热情较高，提问踊跃，除了借助PPT进行讲授，不少学习小组的学生为了解释自己的观点或回答同学的提问，多次自主在黑板上画图（图6）。

这样的学习过程一方面是知识的传递，另一方面，也引发了学生基于不同研究角度而产生的观点碰撞，可以使研究进一步深化，也培育了思维的公正性。以"时代背景"为例，有5个学习小组进行陈述，分别从自己的视角研究了时代背景的特点：工业革命引发城市人口激增和住房短缺等问题、中世纪精神世界的落寞激发对精神性的追求、在芬兰等地仍存在着高度的民族性等，这使得学生可以更全面地理解现代建筑

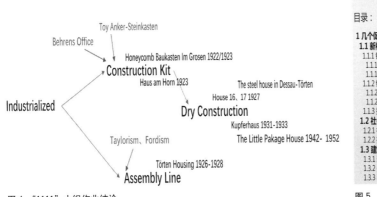

图 4 "1111"小组作业结论

多米诺体系是如何建立起来的？

目录：

1 几个促成柯布西耶多米诺体系形成的因素
1.1 新材料技术的出现及探索
1.1.1 钢铁的出现及运用
1.1.1.1 钢铁技术的发展
1.1.1.2 19世纪下半叶的钢铁建筑
1.1.2 钢筋混凝土的出现及应用
1.1.2.1 混凝土技术的发展
1.1.2.2 20世纪初的混凝土建筑
1.1.3 接受新材料的三种模式
1.2 社会生产方式的变革
1.2.1 标准化
1.2.2 批量化
1.3 建筑学在时代背景下的探索与实践
1.3.1 新材料技术对建筑学的冲击
1.3.2 关于"真实性"的大讨论
1.3.3 科隆论战

2 柯布西耶多米诺体系的建立
2.1 导火索——第一次世界大战新需求
2.2 柯布西耶的个人经历
2.2.1 拉绍德封制造业的启发
2.2.2 两次启蒙之旅
2.2.3 佩雷兄弟事务所——发现钢筋混凝土
2.2.4 贝伦斯事务所——功能主义与新古典主义
2.2.5 东方之旅
2.3 柯布西耶多米诺体系的提出
2.3.1 提出过程
2.3.2 柯布西耶多米诺体系的定义
3 柯布西耶多米诺体系的实践与发展
3.1 雪铁龙与多米诺体系
3.2 多米诺体系的实践
3.2.1 1925年 佩萨克
3.2.2 1925年 瑞士大学城
3.2.3 1932年 流浪者收容中心
3.2.4 苏维埃宫方案
3.2.5 马赛公寓
3.3 柯布西耶与多米诺体系有关的理论发展
3.3.1 建筑五原则
3.3.2 模数
3.3.3 拼接城市与堆叠城市

图 5 "还没想好"小组作业目录

感悟

这次小组合作，与几位大佬组队，真的受益匪浅。大量资料文献的阅读以及许多次的交流讨论，让自己的研究能力和知识体系都逐渐加强，回想这些天不停翻阅资料查找文献的经历，希望自己能够将这段时间积累到的学习经验保持下去，继续努力ㄚ！
——高▦▦

很漫长。收获最大的可能不是有多了解柯布西耶和多米诺体系，而是开始有一点明白了那个时代。那个时代——也就是前一百年，与我们这个时代有很大的相似性：爆炸式发展的科技、无法预测的未来、新旧间的冲突……历史如何演进，你从什么角度去看待，最终你会发现没有所谓的好与坏、甚至没有所谓的美与丑，存在即合理。审美，不过是对特定形式的适应。
整个过程最困难的是对整体逻辑性的把握。很多时候写着写着就出离主题而又不想把辛辛苦苦打出来的字删掉，许多阐释是没有必要的，许多论述也过分看重。看了许多文章之后仍无法把自己形成自己的逻辑，无法摆脱别人观点的束缚。这是此次研究学习最为遗憾的地方。
最后：欧阳老师再多布置两个像这样的小作业吧！不要记成绩其实这是很好玩的！！！！！
——兰▦▦

在这次课题研究中，我看了很多方面的资料，仍然觉得还是不够，我看的书实在是太少了，经过了这次，感觉打开了很多最新世界的大门。不过还是要花更多的时间来学习。不过学习的途径有很多，不一定要坐在室内埋头苦读，比如说旅行也是一种学习，柯布西耶的东方之旅可谓是对他的人生产生了巨大影响。
——邓▦▦

最大的感受。。。书到用时恨少吧。与以前相比一看历史就瞌睡的我有了明显的突破。从柯布西耶个人看来，他勇于质疑和批判，苦学知识的拼命，对自己行为的坚持等等反映出他出现的必然性。从事件来看，多层次的种子，多方面的碰撞，加上那根导火索的引燃的整个过程，令人痛快，引人深思。从历史来看，站在现在看过去发现的周期更替，一步步曲折前进，每个人不同的思想的推动时代的进步，道路的分叉、结合，对未来的思考也更加清晰。
——肖▦▦

图6 课堂讨论   图7 学生对作业的自发评价

派出现的时代背景，并体验到研究视角和研究结论之间的关联性。而且通过交互讨论，还产生了不少好的延伸问题，如"工业革命后为什么钢筋混凝土建筑成为主流，而钢建筑却没有？"

作业总结包括选题原因、研究问题、思维导图、研究结论、延伸问题等，对于延伸问题没有硬性规定，但所有的小组反思总结里，均有各自的延伸问题。

3.5 培育效果

统计数据显示，班级讨论课上学生提问次数达33次，学生平均每次课主动提问8次以上，产生了不少高质量的问题，如"柯布西耶提出底层架空是因为个人执念？解决社会问题？现代主义反重力的意念？""为什么多米诺体系采用板柱体系，而不是梁柱体系？""学院派和包豪斯的本质差异是什么？现代建筑教育该如何发展？""如何看待密斯在结构、秩序、精神追求方面的对立与统一？"等，不一一列举。

从学生反馈来看，他们认为该作业激发了自己对历史进行辩证思考，如第25组在PPT中所写感悟(图7)。在对工作量没有设限的情况下，各小组的PPT大多在50页左右，最多达154页，说明学生平均投入程度高。

4 对批判性思维培育实验的思考

将批判性思维过程、元素与标准结合，建立批判性思维培育实验的框架；再将其用于《外国建筑史》中"现代建筑派"的教学实验，获得了一定的教学经验。从交互讨论时课堂提问次数与质量、学生作业的完成量、学生感受等方面对批判性思维的培育效果进行定性评估，总体来讲，效果较理想。在后续的教学改革探索中，会进一步使用批判性思维评价量表，量化批判性思维培育效果，使之更加直观。同时，发现教学实验产生的质量较高的延伸问题因为课程结束而闲置，与教学内容相关的知识、思维技巧等在新一级学生的课程中又完全从零开始，大大制约了批判性思维培育的深度，因此，如何建构科学的知识库、建立具有迭代性的学习网络是可以进一步去思考和探索的教改主题，其将是进一步增强批判性思维培育深度的突破口。

注释：

① 慕启鹏，夏云.基于网络自媒体平台下的外国建筑史互动式教学模式探讨.世界建筑史教学与研究国际研讨会论文集，2015.
② 刘先觉.再论外国建筑史教学之道——教研结合，史论并重，开拓外建教学新视野[J].建筑与文化，2009 (11)：66-71.
③ 王凯.作为思维训练的历史理论课——"建筑理论与历史Ⅱ"课程教案改革试验[J].建筑师，2014 (3).
④ 黄芳.大学生批判性思维能力培养方式实践探索[D].上海：上海外国语大学，2013.
⑤ Garrison D R，Anderson T，Archer W. Critical Thinking，Cognitive Presence，and Computer Conferencing in Distance Education[J]. American Journal of Distance Education，2001，(1)：7-23.
⑥ 吴亚婕，陈丽.在线学习异步交互评价模型综述[J].电化教育研究，2012 (2)：44-49+53.
⑦ [美]理查德·保罗，琳达·埃尔德.批判性思维工具[M].侯玉波，姜佟林译.北京：机械工业出版社，2018.
⑧ 同注释7.

图片来源：

图1 来源于作者自绘；
图2-图7 来源于作者对学生作业的自行整理、拍摄；
图6 来源于作者自摄。

作者：欧阳虹彬，湖南大学建筑学院助理教授，博士，访英学者；张卫(通讯作者)，湖南大学建筑学院教授，博士生导师，建筑历史及理论研究中心主任

经济、文化史视野下中国传统建筑文化概论的教学思考

李东　吴晓敏　曹量

Teaching thinking on the introduction of Chinese traditional architectural culture from the perspective of economic and cultural history

■ 摘要：本文从"传统建筑文化概论"课程多年教学经验和教学成果出发，探讨了教学中如何围绕建筑文化这一主题，把中国古代建筑空间观念的历时性变迁，以及建筑、城市形制的发展动因，放在经济与文化史视野中去分析和考察，去解读和探讨。同时，把中国建筑的几大典型类型，同样放在历时性过程中去分析和体认。无论建筑空间观念还是城市形制，在课程中始终围绕共时性原则，与同期西方建筑与城市发展作相应对比，并力求建构中西建筑史、城市史的整体时空框架。

教学中始终启发学生积极思考，并引导学生在思考建筑与城市起源过程中深刻理解建筑学的一些基本问题，课程以传统启发当代，在引入对当代建筑的分析与批评之后，以信息时代建筑的设计可能引导学生思考当下面临的设计问题。

该课程注重发展动因，注重经济、文化等影响因素，引入人类学、类型学、历史学等多种研究方法，并把建筑与城市发展作为同时性考察对象，不失为一次跨文化、跨时空、跨学科的积极教学探索。

■ 关键词：传统建筑文化概论　经济学　文化学

Abstract：This article starts from many years of teaching experience and teaching results of "introduction to traditional architecture culture" course to discuss how to analyze and investigate，interpret and discuss the diachronic change of space concept of ancient Chinese architecture and the development motivation of architecture and urban form from the perspective of economic and cultural history around the theme of architectural culture in teaching. At the same time，several typical types of Chinese architecture are also analyzed and recognized in the diachronic process. No matter the concept of architectural space or urban form，the course always focuses on the principle of synchronicity，and makes a corresponding comparison with the development of western architecture and cities at the same time，and tries to construct the overall space-time framework of the history of Chinese and western architecture and cities.

The teaching always inspires students to think positively and guides them to deeply understand some basic problems of architecture in the process of thinking about architecture and the origin of city. The course inspires the contemporary with tradition, and after introducing the analysis and criticism of contemporary architecture, the design of architecture in the information age may lead students to think about the current design problems.

This course focuses on development motivation, economic and cultural factors, introduces anthropology, typology, history and other research methods, takes architecture and urban development as the objects of simultaneous investigation, it can be regarded as an active teaching exploration of cross culture, cross time and space, cross discipline.

Keywords：Introduction to traditional architectural culture；economics；culturology；integration；mutual learning

1 引言

在 20 世纪后半期恢复高考之后，我国建筑院校建筑史的教学一般都开设了中建史、外建史两门课程，分别采用了大家耳熟能详的两部经典教材。这两部教材各有独立体系，知识区划严格，互相没有关联，在对建筑学的基本问题上，也没有互相的呼应和关照。从事教学的老师，也是执教其中一门课，课程之间的状态互相之间宛如隔行如隔山。建筑史的教学，不应以课程的区分而内容上各自为政，"井水不犯河水"，而是需要打破知识的人为藩篱，融会贯通，相互启发，相互借鉴。

进入 21 世纪后，建筑史的教学无论方法还是使用文本都日益丰富多样。虽然国内各院校的中建史和外建史的教材，还是一直沿用上个世纪的老书，但课堂上的讲课内容已经远远超出了教材的范畴，尤其是建筑史研究积累深厚、人才梯度丰富的老院校，研究视角和方法述评都多样而丰富，在复数性和个案研究，地方性和相对独立的小系统的研究，以及对现代建筑的批判继承上都呈现出前所未有的广度和深度。

在这样的学科背景下，笔者于 2006 年前后，在中央美院与吴晓敏老师共同开设中国传统建筑文化概论硕士研究生课程，并前后持续了 10 年。

中国建筑文化概论是一门对中国建筑文化史（以及城市发展史）的综合性总结与分析课程。在课程教学中，同时观照了西方建筑文化发展史，使学生更深刻地理解中国与西方建筑发展的异同和人类文化发展的某些相通性。把中国古代建筑空间观念的历时性变迁，以及建筑、城市形制的发展动因，放在经济与文化史视野中去分析和考察，去解读和探讨。同时，把中国建筑的几大典型类型，同样放在历时性过程中去分析和体认。无论建筑空间观念还是城市形制，在课程中始终围绕共时性原则，与同期西方建筑与城市发展作相应对比，并力求建构中西建筑史、城市史的整体时空框架。

2 传统建筑文化概论：论什么？怎么论？

2.1 单线式、点式、物质论——从存在的常见问题出发，重新界定本课程的内涵

传统建筑文化概论，既要包容整个建筑史的基础内容，又要在这些内容之上，上升到文化层面去分析总结。要带领学生穿过历史的种种物质表象，深入到其背后去思考、梳理、体会和总结。

传统的教法中，有的采用单线式教学，按历史顺序依次介绍，然后加以总结概括；有的对类型进行点式切入介绍，有时忽略其成因、背景及地域差异；有的仅论建筑形制，对文化语焉不详，难能说透……

传统的教法固然谈不上错误，但实在很难让学生窥见建筑文化的本质内涵，更难以对课程产生兴趣。究其原因，是没有对"文化"二字理解深透。广义的文化指人类的一切活动，而这门课的文化重点是指狭义的文化，即人为的而非自然的因素，既有别于自然又有别于技术的那些因素。

文化有很多定义，例如：

· 不同社会独具一格的生活风尚特征。

文化是知识和工具的聚集体，我们以这些知识和工具适用于自然环境

· 文化是一套规则，凭这些规则我们相互联系。

· 文化是知识、信念、准则的合集。我们理解宇宙以及人类在宇宙中的位置。

· 社会学家塔尔科特·帕森斯将文化定义为一个"期望集"，文化不仅告诉我们该如何行动，还告诉我们能对他人期望什么。

通过清晰理解"文化"二字，才能对建筑文化的整体内容有一个清晰的认知和界定，而不至于偏颇或顾此失彼。

还有"传统"二字，并不因为它常见，就必然能被正确理解。传统最通俗而又易于理解的解释如下：

传统：相对于现代，现代以前，流传至今。

通过对"传统、文化"字面意义的精细解读，我们进一步明确课程的内涵可以包括哪些方面。进而给出课程的总纲：建筑文化是影响建筑表征的一项重要因素，但非唯一的因素。我们可以把建筑表征看作自然条件、建筑文化以及技术条件的函数，即建筑文化仅仅是自变量之一，但在某些情况下可能是最重要的自变量。这是本门课程的总纲。

2.2 多线式、共时性与历时性，概念与类型、溯源与流变——多线连缀构建课程主干

围绕课程主旨，对大部分中建史以及城建史、园林史和部分外建史内容进行选取，在此基础上二次组织教学大纲。希望通过该课程的学习，让学生了解中国传统建筑的起源、发展及演变，了解中国传统建筑空间观念的起源及生成过程，不同时期不同形制建筑的发展演变与风格形制差异，中西方建筑空间观念的不同及成因，中西方传统建筑空间图式，中国传统建筑文化的基本概念与符号，中国传统建筑环境观念及应用。学会运用人类学方法和类型学方法分析与研究传统建筑，掌握如何从共时性和历时性的角度分析问题，并最终通过类型学设计方法将传统与现代相互连接。

在实际教学中，深感中国传统建筑文化概论这门课涵盖内容很广泛，而且不容易让学生抓住重点。在教学中，讲课的内容紧紧围绕生成、演变、差异化等关键的节点，把中国古代建筑文化史和城市发展史串起来讲，同时和西方同一时期建筑文化，及当代建筑文化进行比较分析。注重传统建筑空间图式、文化符号及文化内涵的研究和总结，注重类型学等方法论的传授，注重理论研究与设计方法的结合。梳理重要的线索，使学生容易把知识前后贯穿起来理解，并形成对中国传统建筑以及城市发展的新的认识。学生听完课普遍反映收获很大。

主要教学内容涵盖以下一些方面：

中国传统建筑的起源发展与演变；中国传统空间观念的起源与生成；不同时期典型建筑形制的空间形式特点；不同建筑形制的形式特点以及生成机制；不同时期建筑的比较与分析；中西方建筑空间观念的差异及成因；中国古代城市发展的脉络；居住建筑群落与其他建筑群落的空间差异；中国传统建筑文化的基本概念与符号，中国传统建筑环境观念及应用；中国传统建筑的分析与研究方法；类型学设计方法及其在中国传统建筑设计中的运用。

2.3 引入经济学视角，提示建筑空间观念的发展演化线索

建筑的起源与发展，以及建筑文化的历史变迁，都存在着一定的规律，中国和西方虽然在建筑发展史上有不同的表现，但其背后的经济发展史却有着大致可以通用的分期，例如，都存在石器时期、青铜时代、铁器时期、工业化时期、信息化时代等。众所周知，生产力（建筑工具）是影响建筑的一个重要因素之一，这些中西共同存在的经济时期和大的文化背景，启发了审视中西方建筑史的一个新的视角，建筑史可以从另一种"世界观"从另一个学科体系去张望：建筑还是原来的建筑，只不过借用另一个角度去理解，去比较、去分析。

在实际教学中，笔者发现，这种视角下对建筑文化的连缀，学生非常容易理解，对于空间观念的进化和分期，这一视角的解读常常有事半功倍之效。由此，鼓励了我们在教学中进一步提炼、归纳、总结，形成以下知识线索来介绍空间观念的演变：

1) 洪荒时代：中国传统空间观念的起源；

2) 青铜时代：传统空间观念的分野；

3) 铁器时代：传统空间观念的发展与秩序的生成；

4) 工业时代：空间的多义性与秩序的解构；

5) 信息时代：传统空间观念的瓦解与秩序的重生。

这一线索很好地把中西以及古今作为一个整体去考量，虽然有其不完善之处，但就作为一个知识线索来讲，在教学中的确发挥了建立课程知识整体感的作用。

2.4 教学方法

好的教学思路，要有好的方法才能得以贯彻执行。教学中，笔者着重注意以下几个方面：

①通过大量的图像进行直观教学，让学生一目了然。尤其是一些建筑史书上没有的图片，用来佐证分析建筑领域的问题，让学生扩大了眼界，开阔了思路。

②通过比较分析方法，把不同方面直接对比讲解，加深学生的理解。

③通过线索梳理提炼传统文化发展的脉络，进一步加深学生对传统建筑文化的认知。

④布置适当的课程作业，激发学生课后阅读相关知识的兴趣。

⑤课堂随时提问，激发学生主动思考。这种方法对于提高课堂教学质量非常有效，基本上能保证多数学生高度集中注意力。

⑥最后，通过结课论文考查学生独立学习与初步进行研究总结的能力。

3 视野与思维——两个教学分析案例

3.1 中西政治空间比较分析——明清故宫与罗马市政广场（建筑文化的跨时空比较）

明清故宫与罗马市政广场是中西方政治空间的代表，也是中西建筑史上的经典之作。作为两个典型的不同空间观念下诞生的经典，它们有着截然不同的形式、空间、观念与文化表现。一个是严格对称的、封闭的、包围的、等级森严的、木构的、院落式王朝殿宇；一个是非对称的、开放的、容纳的、石构的、广场式帝国殿堂（图1，图2）。

在巨大的差异后面，是建筑文化、设计理念、空间观念的中西差异。作为一个典型教学案例，在对比讲解中可以向学生解释很多问题，并能积极引导学生作理论探索与思考。每个年度的教学，这个案例都受到学生的普遍欢迎，并引发学生进一步深入思考相关问题。

3.2 相同地域同一建筑类型空间结构的比较研究——空间如何反映文化（建筑文化的多样化与复数性）

为了让学生更好地打破建筑形制先入为主的学习所带来的对建筑及城市结构的片面理解，教学中选择了在同一地域、相距不远、功能相近的两个码头片区作为教学分析案例。

众所周知，空间的形式，如考察其生成机制，需要放在一个较长的时间段去观察（图3）。在此，我们选取重庆两个相距不远的传统片区的空间样本加以对比：磁器口和临江门[①]。磁器口作为吞吐量不如临江门的码头，有着更加舒缓的空间节奏，人口密度较低。而临江门外一带是社会底层人口密集居住的小社区，密密麻麻塞满了房子（杨宇振，2019）。磁器口的居住形态中，有连通主要路径的私人庭院，呈现刀把形，这种尽端空间形态在码头中显得很"奢侈"；而临江门，由于密集交通以及密集的居住人口，空间全部开敞而公共，所有的空间都被打通，形成弥漫式路径，在路径节点上局部扩容，以容纳包裹居民的日常生活（图4）。

比较分析：

·重庆临江门（图5）：街巷中有许多附属小空间，在此，居者的日常户外生活公开性发生（空间性质：公共性的私用空间），这些小空间与街道是完全贯通的（他人可以通行）。

·重庆磁器口：主街无附属小空间，小空间内凹入居住建筑，形成半开敞院落，居者的日常户外生活半公开性发生（空间性质：半公共性的私用空间），这些小空间与街道是连通的（他人可以进入，但无法通行）。

这个分析案例说明，两个相距不远、同属重庆的码头片区，有着结构完全不同的道路系统，因而在空间上也呈现不同的典型特征。这也说明了，建筑文化在具有广义性、稳定性的同时，又具有多样化与复数性的特点。

在教学中，在分析案例的同时，会把相应的理论思考与总结在案例中贯穿。引导学生认识：建筑与聚落的演进是一个漫长的过程，跨度可达上百年甚至若干世纪，若偏重于研究其表象或演化"结果"，则难以清晰解读其生成机制，甚至可能忽略深层发展动因。若借用新史学中层累演进的观点以及人类学视角，则

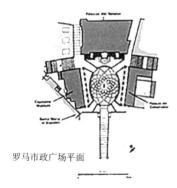

罗马市政广场平面

图1 罗马市政广场

图2 北京故宫

图3 1941年临江门地块路网结构

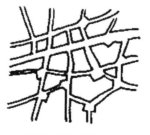

重庆临江门传统居住结构

重庆磁器口传统居住结构

图4 临江门空间结构与磁器口空间结构

图 5　1994 年的临江门

可能把演进过程中的典型"片段"及局部结构形式,作相应叠加与分析,从而清晰揭示建筑与聚落演进的动力机制,这对于深入理解建筑史具有重要意义。

在学术研究的价值取向上,引导学生不仅要把握宏观体系还要把目光转向微观的空间构成制度与人的社会生活的对应关系的分析与研究上——缩小叙事空间,使同一层次的研究文本呈现多样化与复数性。不如此,无以解释这个多元的世界;不如此,无以解释多样化的建筑现象。

4　结语

传统建筑文化概论的教学借用了人类学、历史学、经济学、跨时空对比等多种研究与教学方法,因而课程整体内容十分丰满,案例生动有趣,在经济发展史视角下的建筑文化发展主线清晰,连缀全部课程内容。全程下来,能紧紧吸引学生跟随老师的讲解,并不断思考。该课程当年被学生评为最受欢迎的两个课程之一,作为建筑史大类课程能吸引学生并得到好评,老师深感欣慰。

课后,学生能按照论文要求完成小论文写作,较多地注意到选题以及研究成果的创新性。有 20% 的作业,能比较好的根据要求完成,具有一定的创新性,分析缜密,条理性强,获得 85 分及以上的成绩。

学生论文分数分布属于正常可预见的分布范畴,较好的(20% 左右)能达到硕士阶段学习的较高理论水平,图文并茂,立意新颖;较差的有 20% 左右,情况有两种:一是时间短,仓促应对,模仿痕迹明显,没有自己的分析;二是在论文论点论据以及逻辑分析上很牵强,文章大而空,抓不住实质要解决的问题,整篇论文粗糙浅显。

中国传统建筑文化概论,是一门对中国建筑文化史以及城市发展史的综合性总结与分析课程。在课程教学中,同时观照西方建筑文化发展史,能使学生更深刻地理解中国与西方建筑发展的异同和人类文化发展的某些相通性。

"中国建筑史、外国建筑史是我国建筑学教育中的两门基本课程,但这并不意味着观念和事实上的分离",相反,二者之间有着许多的交融和互鉴,这启发了近年来全球、国家和地域等不同的建筑史讲述范畴与讲述视野,这对理解建筑史丰富的多样性提供了可能。

(致谢:感谢中央美院建筑学院提供教学平台,中国传统文化概论作为研究生课程开设将近 10 年。)

注释:

① 重庆有很多码头。朝天门是两江交汇处的最大的码头。临江门、磁器口码头在嘉陵江畔,规模次之。

参考文献:

[1] [瑞士] 皮亚杰著. 结构主义 [M]. 倪连生,王琳译. 北京:商务印书馆,2017.
[2] [美] 詹姆斯·哈威·鲁滨孙著. 新史学 [M]. 齐思和等译. 北京:商务印书馆,2016.
[3] 杨念群,黄兴涛,毛丹主编. 新史学:多学科对话的图景 [C]. 北京:中国人民大学出版社,2003.
[4] 李林昉,雷昌德编著. 老地图 [M]. 重庆:重庆出版社,2013.
[5] 陈恒,王刘纯主编. 新史学. 第 21 辑. 郑州:大象出版社,2018.

图片来源:

图 2 李之吉,《中外建筑史》
图 3 1941 年,《最新重庆街道图》
图 5 摄影:杨宇振

作者:李东,天津大学建筑学院,中国建筑工业出版社副编审,吴晓敏,中央美术学院建筑学院教授,博士生导师,中央美术学院圆明园研究中心执行主任;曹量,中央美术学院建筑学院讲师,更新设计事务所创始人

"东方建筑史"抑或"中国建筑史"？

——交叉语境下西藏传统建筑史的研究与书写

梁静

The History of 'Oriental Architecture' or 'Chinese Architecture'? ——Research and Writing of Tibetan Traditional Architecture-History in Cross Context

■ 摘要：本文从国外东方建筑研究和国内当前主流传统建筑史研究两个不同的框架分别探讨以往西藏传统建筑研究的现状，对比了两种视角下研究的脉络和重点，尤其是不同学术框架下反映出对西藏传统建筑的定位和结论导向的不同，并提出藉由"丝绸之路"这一研究背景下的新趋向和新视野，将以往国内有关西藏的传统建筑研究纳入更广泛的东方建筑研究框架内，从而强化对西藏传统建筑的思考及研究，从而有可能提升当前研究的丰富度并且彰显国内建筑史发展的复杂性，甚至可以从一个重要的方面探讨有关建筑的"边界"问题。

■ 关键词：西藏传统建筑　交叉语境　研究框架　丝绸之路

Abstract：From the two different frameworks of foreign oriental architecture research and domestic mainstream traditional architectural history research, this paper focuses on the current research and teaching status of traditional Tibetan architecture in China. Highlighting the context, methods, and priorities of research from two perspectives, especially the differences in the positioning and conclusion orientation of traditional Tibetan architecture under different academic frameworks. And then proposes the holistic background of the holistic study of the "Silk Road". In the new trend and new vision brought about by Silk Road related research, the traditional domestic architectural research on Tibet has been incorporated into the broader framework of Oriental architecture research, thus strengthening the attention and research on traditional Tibetan architecture. It may enhance the richness of current research and realize the complexity of the development of domestic architectural history, and even explore the "boundary" problem of architecture from an important aspect.

Keywords：traditional Tibetan architecture；cross context；research framework；the "Silk Road"

1 国外东方建筑史研究视域

西藏因其独特的地理、文化特征，历来是西方世界关注的热点区域之一。对西藏建筑的研究则极大地受到考古学的驱动。据王启龙、阴海燕的研究，早在14世纪就有西方学者伴随传教，经由他国进入西藏"寻找基督教遗迹"，由此引发长期的考古、探险热潮，涌现出不少的重要考古遗迹，并将神秘的西藏推向西方学界，因而西藏地区的相关历史文化研究要比国内开始的更早。一般认为，西方藏学的系统研究开始于19世纪30年代，1959年后极为热门，美国的洛克菲勒基金会资助西方各大学和研究机构的西藏研究项目，主要集中在历史、宗教、文化等方面，较有代表性的学者有意大利藏学家图齐（GiuseppeTucci）、法国藏学家石泰安（R.A.stein）、英国藏学家斯内尔格洛夫（David Snelgrove）、黎吉生（Hugh Edward Richardson）、德国著名蒙古学家海西希（Walther Hessig）、瑞典探险家斯文·郝定（Sven Hedin）等，这些重要的研究一步步将西藏纳入西方的知识体系。

著名的英国建筑家弗莱彻《世界建筑史》早期版本的扉页上所绘"建筑之树"（图1），在末章所列的非历史的样式中包括了回教、印度、中国和日本建筑，而未见西藏建筑，可以猜测以弗莱彻为代表的西方学者眼中，中国和印度可以相互区别划分，而作为融合两种文化的西藏建筑却未被认为是独立的体系，在现有的西方艺术史研究中也多将西藏建筑研究基于中国、印度、尼泊尔等地建筑研究的基础之上，作为东南亚研究的一个组成部分，这一点至今未变。

在建筑领域近些年西方也出现一些重要的研究成果，如挪威科技大学建筑设计系克纳德·拉森（Knud Larsen）和阿穆德－希丁·拉森（Amund Sind-Larsen）近年出版的《拉萨历史城市地图集》、安德烈·亚历山大（Andre·Alexander）编写的《拉萨的寺庙——7-21世纪的西藏藏传佛教建筑》、罗米·阔斯拉（Romi Khosla）的《西藏佛教建筑》、杰弗瑞·萨缪尔（Geoffrey Samuel）《文明的萨满——藏族社会中的佛教》、桑木丹·噶尔梅（Samten G. Karmay）和长野泰彦（Yasuhiko Nagano）初版的《喜马拉雅及藏区的本教寺庙调查》等，均主要关注宗教背景下的建筑历史。相比国内而言，西方学界的研究具有更为开阔的视野，也更为体系化，能够关注形式和符号背后的精神内核和文化变迁。

2 国内传统建筑史研究视域

2.1 扎仓教育与藏学演进

西藏地区全民笃信宗教，寺庙除了作为地区的宗教、行政中心外，还兼有高等学府和研究院的功能，寺院内设立若干"扎仓"（经学院）以分别修习（图2）。参与修习的僧人除了修习经论之外，还需学习"五明"[①]，其中"工巧明"就包括了建筑在内的工艺和科学知识，最终通过逐年考试取得学位，可以说，寺院不仅主导着社会的宗教和文化取向，也对城市和建筑的营造起着决定性的作用，使得西藏建筑带有浓厚的宗教色彩。

新中国成立后国内学者较为重要的有宿白、王毅、叶启燊、张世文等人，他们对藏传佛教寺院建筑的研究奠定了重要的基础。另一方面，藏族学者对建筑的研究也有更多进展，他们偏重佛教历史与文化角度的阐述，如洛桑朗杰、木雅·曲吉建才、夏格旺堆等学者均有较为重要的成果。近年来的西藏研究层出不穷，总体来说宏观和综合性研究较多，出版的著作虽多，但仍可视为初级研究阶段，主要是整理、梳理、归纳，研究性

图1 弗莱彻版本《世界建筑史》的扉页——"建筑之树"

图2 扎什伦布寺内的吉康扎仓和阿巴扎仓

的著作较少，由于语言隔阂，仍处于资料积累阶段。

除此之外，索南旺堆等人基于文物建筑的普查工作，展开了西藏各区地方志书的编纂，为西藏的基础研究提供了极大的便利，尤其为汉语研究者提供了极大的语言上的便利，并创办了一些重要的学术刊物，如《藏学学刊》《西藏研究》《中国藏学》等。1990年之后，围绕主要的藏学研究高校形成了藏学研究的中心，如西藏大学、四川大学等高校均有较成熟的藏学研究团队。

2.2 营造学社带领的早期西藏建筑研究

囿于特殊时期的现实条件，早期学者们鲜少涉及西藏研究。早期乐嘉藻所著的《中国建筑史》中，就曾提及"西藏塔"（一般称"喇嘛塔"），而对于西藏建筑的整体描述则完全缺失，之后其他学者也大多止步于此。营造学社成立后，梁思成、刘敦桢等人对国内较为重要的古建筑都有非常详实的调研和测绘，在李庄时期，有较多关于四川地区宗教和民居的研究面世，但西藏建筑仍未涉及[②]。较为典型的是，基于营造学社时期的工作，1944年梁思成在教学讲稿的基础上完成了《中国建筑史》一书，该书侧重于宫殿庙宇（尤其大木作），对西藏建筑仅介绍了内地重要的白塔和金刚宝座塔若干，并认为这些汉地塔主要"受蒙古喇嘛塔之影响"[③]，但对"如何影响"则并未深入。这可以作为早期中国建筑史教学中，有关西藏建筑方面研究成果的一个反映。又如刘致平在《中国建筑类型及结构》一书中虽设"喇嘛教建筑"一节，但研究较浅显，所举案例仍采用汉地的承德或北京地区的喇嘛建筑，不直接涉及西藏本土建筑研究。以对比的方式，侧重喇嘛教建筑对汉地的影响。刘敦桢开展西南民居研究时曾涉及川西的藏族民居，取得了较为重要的成果。

2.3 当代布扎体系下国内的西藏建筑教育

随着第一批归国建筑师的开拓工作，我国基本建立了以"布扎体系"[④]为主的建筑教育体系。布扎体系下的建筑学科往往通过对历史的学习和反思，来寻找自身的特殊符号，并在此基础上创新。在这种背景下，建筑学院往往设有建筑史学课程，西藏建筑在史学课程中仅仅只占有极为边缘的一小部分，作为地域性建筑的一种实例（图3）。这种"汉地中心"的展示或者教授方式，再次将西藏建筑与汉地建筑划分为两个系统。事实上，汉地建筑和藏区建筑自古交流甚密，互为交融，甚至西藏许多地区的建筑还保留有汉地早期建筑的特征，可以说是早期文化的活化石，非常值得深入探究。

2.4 遗产保护工作促发下的西藏传统建筑研究热

新中国成立后，对西藏地区的文物保护开始逐渐展开，1959年6月颁布了《关于加强文物档案工作的决定》，开始对社会流散文物进行抢救保护。20世纪80年代后，随着对测绘资料的逐渐掌握，西藏地区的重要寺庙开始了系列的维修加固工程，重要的如布达拉宫、塔尔寺、扎什伦布寺、萨迦寺、夏鲁寺、桑耶寺等。这些遗产保护工作大多由内地的文物保护单位、院所或高校主持进行，在完成工程的同时，培养了一批直接从事实践工作的专业研究者，出版一批修复导则，对西藏的建筑研究有极大帮助。

图3 国内主要建筑史教材
a《图像中国建筑史》（梁思成）；b《中国古代建筑史》（刘敦桢）；c《中国建筑史》（潘谷西）

3 "丝路框架"下的新趋向和新视野

立足当下的西藏建筑研究和教育，可以看到国外和国内两种学术团队各有优势，亦互相补充。随着"丝绸之路"经济带的倡导和开发，东南亚研究势必走向更为通融的新阶段，对内地学者而言，及时地打开研究视野，培养完备的学术团队，及时调整研究和教学的宽度和广度，关注多元文化间的互流互通十分必要。从发展变化的视角对中国边界和中国的重新认识，意识到建筑这一物质空间在形成上是一个复杂过程，对于我们认知本土文化的特点极为重要。

注释：

① 五明学中的工巧明（工艺学）、声明（语言学）、医方明（医学）、因明（逻辑学）和内明学（佛学）也就是指学习有关的技术、工艺、音乐、美术、语言、算术、哲学等艺能学问。
② 如刘致平《中国居住建筑简史——城市、住宅、园林》中关于四川的系列研究中并不包括川藏建筑的研究。
③ 梁思成. 中国建筑史 [M]. 上海：百花文艺出版社，2005. 第 295 页。
④ 布扎体系：即 Beaux-Arts 的音译，本意是"艺术"，中文翻译为"美术"，特指产生于 19 世纪的巴黎美术学院（école National Superieure des Beaux-Arts）的教学方式，开始是一所艺术学校，着重从艺术的角度学习建筑，注重素描、雕塑等美学的技法训练，重视构图，对历史的模仿，如古希腊、古罗马、文艺复兴，注重比例和尺度秩序，是一套成熟的建筑教育体系，是现代建筑教育的起源，并直接影响了 20 世纪初的现代主义建筑的发展。

参考文献：

[1] 王启龙，阴海燕 .60 年藏区文物考古研究成就及其走向（上）[J]. 西南民族大学学报（人文社科版），2013，34（1）：38-49.
[2] （意）杜齐. 西藏宗教之旅 [M]. 第二版. 耿升译. 北京：中国藏学出版社，2005.
[3] （法）石泰安. 西藏的文明 [M]. 耿升译. 北京：中国藏学出版社，1999.
[4] Sir Banister Fletcher. A History of Architecture[M]. Sixteenth Edition，London：B.T. Batsford LTD，1956.
[5] （挪）Knud Larsen，Amund Sinding-Larsen. 拉萨历史城市地图集 - 传统西藏建筑与城市景观 [M]. 李鸽，曲吉建才译. 北京：中国建筑工业出版社，2005.
[6] 朱学锐，李天啸，焦自云. 以日喀则扎什伦布寺为例谈藏传佛教建筑的门窗装饰特点 [J]. 太原：山西建筑，2019，45（05）：212-215.
[7] 索朗旺堆主编. 阿里地区文物志 [M]. 霍巍，李永宪，更堆编写. 拉萨：西藏人民出版社，1993.
[8] 乐嘉藻. 中国建筑史 [M]. 北京：中国文史出版社. 2016.
[9] 梁思成. 中国建筑史 [M]. 上海：百花文艺出版社，2005.
[10] 刘致平. 中国建筑类型及结构 [M]. 第三版. 北京：中国建筑工业出版社，2000.
[11] 徐宗威. 西藏传统建筑导则 [M]. 北京：中国建筑工业出版社，2004.

图片来源：

图 1 弗莱彻版本《世界建筑史》中扉页"建筑之树"：Sir Banister Fletcher. A History of Architecture[M]. Sixteenth Edition，London：B.T. Batsford LTD，1956.
图 2 扎什伦布寺内的吉康扎仓和阿巴扎仓：朱学锐，李天啸，焦自云. 以日喀则扎什伦布寺为例谈藏传佛教建筑的门窗装饰特点 [J]. 山西建筑，2019，45（05）：212-215.
图 3 国内主要建筑史教材封面（左起分别）：3-a《图像中国建筑史》（梁思成）3-b《中国古代建筑史》（刘敦桢，第二版）3-c《中国建筑史》（潘谷西，第六版）。

作者：梁静，东南大学建筑学院，博士研究生，主要研究亚洲城市建筑史学、理论及遗产保护

新视野与新方法

New Vision and Method

基于认知迁移理论的外国建筑史翻转课堂教学模式设计

张楠

Teaching Model Plan of Architectural History Flipping Classroom Based on Cognitive Transfer Theory

■ 摘要：近年来，在线学习支持下的课堂教学场景日益增加，这有利于在翻转课堂模式下通过在线资源支持面授课堂实现有意义的学习，从而促进面向知识实际运用的认知迁移。本文基于认知迁移理论的基本原理探讨了课堂教学模式的构建方式，并结合天津城建大学外国建筑史课的实际教学过程，总结了认知迁移理论指导下的翻转课堂的设计与组织，验证在翻转课堂教学模式下的教学实践是否真正促进了教学效果改善。

■ 关键词：认知迁移理论　外国建筑史　翻转课堂　教学模式

Abstract：In recent years, classroom teaching scenarios supported by online learning have been increasing, which is conducive to achieving meaningful learning through online resources support in the classroom mode, thus promoting cognitive transfer to the practical use of knowledge. Based on the basic principles of cognitive transfer theory, this paper discusses the construction mode of classroom teaching mode, and combines the actual teaching process of Tianjin ChengJian University's Foreign architectural history architecture history course, sums up the design and organization of the flipping classroom under the guidance of cognitive transfer theory：Whether the teaching practice under the flipping classroom mode really promotes the improvement of teaching effect.

Keywords：cognitive transfer theory；Foreign architectural history；flipping classroom；teaching mode

由天津城建大学教学改革与实践项目（JG-YBZ-1526）资助
天津城建大学外国建筑史课为天津市级精品课，天津市首批慕课试点课程

一、引言

随着智能手机、平板电脑及移动互联网和 VR 技术的发展，教育正经历从单纯的口口相授向线上线下一体化教学的转变。2013 年起，大规模开放在线课程（Massive Open Online Courses，MOOC）与小规模限制性在线课程（Small Private Online Course，SPOC）教学模式

得到迅速推广——先进技术为翻转课堂（Flipped Classroom）的实施提供了巨大的想象空间。然而，在线教学模式促进线上与线下融合的同时，也容易导致师生关系、知识难度、适用对象等方面的问题出现 [1][2]。结合了在线资源的翻转课堂教学需要实现课程、资源、课堂环节的认知迁移过程。其中适合于翻转的课堂教学模式设计对于认知迁移的效果起关键作用。教学过程中，需要针对学习的各个环节促进认知迁移过程高效实现。对这一过程的把握有利于丰富认知迁移理论的实践，也有改善翻转课堂教学效果的现实意义。

目前大量相关研究聚焦于教育心理学与儿童教育领域，高等教育中尚有大量专业基础课程，在这些课程中，传授的主要是理论知识，但最终目标是指导实践。如何在认知迁移理论的指导下改善这类课程的教学以使其更有助于推进理论教学向实践活动的有效转化，同样值得深入思考。"外国建筑史"是建筑类专业的基础课程，它知识点繁杂、强调理论体系，但同时又注重理论指导建筑设计实践，对教学提出了较高要求 [3]。本文利用天津城建大学从 2013—2017 年持续 5 年的教学实践，探讨了翻转课堂教学方法的课程设计，分析其实际教学效果。对于 SPOC 模式下的课程理论体系组织、课堂教学模式设计、多元作业体系建构过程中认知迁移理论的作用效果作出验证与评价。

二、翻转课堂与认知迁移

翻转课堂模式和认知迁移理论分属教育学和心理学范畴，最初在传统教育背景下出现，但在线教育技术的进步日新月异，为翻转课堂顺利实施提供了良好条件，而认知迁移理论的发展也为在线翻转课堂教学效果的保障提供了理论上的指引。

（一）翻转课堂

翻转课堂真正价值被广泛认可始于 2011 年，在这一年萨尔曼·可汗创办了可汗学院。随着其视频课程风靡全球，翻转课堂逐渐成为了主流的教育思想——在传统的教学中，教师站在知识和学生中间，而在翻转课堂模式下，学生直接面对知识，而教师更关注学生获取知识的能力与效果。教学从基本无视学生差别的"大锅饭"，变成了可以适应学生个体特点的精准配餐，现代信息技术使课堂"翻转"成为可能。

2013 年，乔治梅森大学的诺拉·哈姆丹（Noora Hamdan）博士与皮尔森教育发展中心的帕特里克·麦克奈特（Patrick McKnight）博士联合翻转学习网（Flipped learning network）的卡里·M·阿尔夫斯多姆（Kari M. Arfstrom）博士，依据翻转学习网总结的研究中心数据，研究发布了《翻转课堂白皮书》，总结了全球翻转课堂模式设计的主要研

究和经验，他们提出了翻转课堂的四大支柱，即：灵活的学习环境（Flexible Environment）、学习文化的转变（Learning Culture）、精心策划的教学内容（Intentional Content）和专业化的教师（Professional Educator）[4]。

翻转课堂在课前、课上和课后不同阶段的运行特点带来的主要优势包括：（1）它通过课前视频、预习题等方式，提前获得了学习者的初步反馈，有利于即时调整课堂教学重点，便于学生自主掌握学习节奏；（2）重新分配课堂时间，使教学可以更有针对性，能密切学生与课堂的联系；（3）网站使参考材料在课后更方便地传达到学习者，方便学生复习，同时简化了教学评价过程。[1] 而其不足主要表现在：教学也容易出现"师生关系失位""知识难度越位""适用对象错位"等问题，根源在于对其定位容易停留在流程翻转的层面上，却忽视了其背后隐藏的知识内化的基本原理 [2]，这启示我们从学习的本质上来思考改进这些问题的方法。

（二）认知迁移

在皮亚杰（J. Piaget，1896—1980）的认知发展理论中，认知发展过程被表述为不连续的若干个阶段，而在每一个认知发展的连续阶段中，认知发展都发生了质的改变。他认为，认知发展得以发生的主要机制被称为平衡（equilibration），指的是认知结构与环境需要之间达到的平衡。世界的状态与个体的观念之间存在的这种不匹配称为不平衡状态（disequilibrium）。平衡可以通过两种过程获得，这两种过程都涉及认知图式（schema）或认知框架的改变，第一种过程是所谓的"同化"（assimilation），学习者试图将新信息纳入到自身已有的图式之中；第二种是所谓的"顺应"（accommodation），当学习者无法将新信息同化到已有的图式中时，就会创立一个新的图式来组织这些信息。这提醒我们：教学的本质是个建立认知图式或框架的过程，迁移是在先前的学习（或训练）中获得的知识和技能，对学习新知识、新技能或解决新问题所产生的影响 [6]。认知迁移过程就是学习过程的本质。布鲁纳和戴维·奥苏伯尔（Ausubel）把迁移放在学习者的整个认知结构的背景下进行研究，他们在认知结构的基础上提出了关于迁移的理论和见解。布鲁纳认为，学习是类别及其编码系统的形成。迁移就是把习得的编码系统用于新的事例。1980 年代以后，认知心理学家又提出了图式理论、共同要素理论和元认知理论，分别强调了影响认知的内部和外部的不同因素。迁移不仅受到训练任务的特点、迁移任务的难度、迁移任务与训练任务的相似性等外部因素的影响，而且受到学习者的能力和知识水平、学习者对训练任务的加工特点和程度、学习者对

迁移任务与训练任务的相似性的意识（元认知）等内部因素的影响。可见，单纯强调内部因素（图式理论和元认知理论）或是单纯强调外部因素（相同要素理论）都不能全面、完整地揭示迁移的机制。此外，从元认知结构理论来看，学习者学习新知识时，认知结构可利用性高、可辨别性大、稳定性强，就能促进对新知识学习的迁移。"为迁移而教"实际上是塑造学生良好认知结构的问题。在教学中，可以通过改革教材内容和教材呈现方式改进学生的原有认知结构变量以达到迁移的目的[7]。在这一过程中，我们也应该关注相同要素的作用——促进较多共同性知识的产生。

外国建筑史课程的教学目标是"通过对于历史建筑、建筑师、建筑理论的学习，拓展学生的视野、提高理论素养、提高设计水平，进而促进其将历史经验用于在今后的建筑设计实践。"教学过程中面临多方面困难，课程知识体系庞杂，时间、空间跨度极大，内容相对抽象，将历史理论的认识起到推动设计实践的作用需要对于所学内容的深层次把握……换言之，需要较好地完成建筑历史知识到建筑设计实践的认知迁移。例如，建筑大师路易斯·康有意识地将空间分为积极空间和消极空间两类，在建筑设计中以空间类型而不是空间功能作为建筑平立面构成逻辑的依据。对于大部分学生来说，通过日常对建筑本身或资料的阅读与思考可以获得对于建筑功能的理解，这是第一次理论抽象；将空间类型而不是建筑功能作为切入角度，则需要从新的角度重新作出理论抽象，这诚非易事。而将上述认识进一步运用到设计实践的过程中，是需要经历"认识—抽象理论—重新抽象—回到具体空间关系"的复杂过程，这个过程中，认识到实践的对象已经发生了改变，即使是在教师的帮助下，完成如此复杂程度的认知迁移，也相当困难。

而遵循教育心理学的基本原理，在翻转课堂框架下利用新的技术手段促进认识迁移的过程就是本文试图解决的根本问题。课程试图采用"对于实例的感性认知——对于设计思想的理性解析——在设计实践中自觉应用理论"的过程，来对应认知到内化的迁移过程（元认知），以改善教学效果。同时，对于路易斯·康设计作品的讲解不能仅仅停留在特点（陈述性知识），而是需要经过分析点出其设计思路（过程性知识），以帮助学生理解（促进认识迁移的发生）。

三、认知迁移理论指导下的翻转课堂教学模式建构

那么，在翻转课堂教学模式中，哪些技术手段可以在什么层面上促进认知迁移过程，从而促进教学效果的改善？天津城建大学外国建筑史课程从2014年3月到2018年7月在建筑学专业5个年级（2013级—2017级）中渐进式地推进教学改革，以认知迁移理论作为理论基础，利用在线慕课网站的支持，通过持续地进行课程建设逐步改进课堂教学。同时验证在认知迁移理论的指导下的教学环节改进能否体现出实现具有现实意义的效果。

（一）对于课程的改造从《翻转课堂白皮书》中指出的四大支柱入手：

1. 教学环境建设

翻转课堂采用多种教学模式，灵活的教学环境意味着学生可以自主选择学习的时间和地点，教师对于学生学习的进度、考核评价都持灵活态度，采用对师生学习和发展都有意义的测评系统，客观评价学生的学习情况。课程实践中，在每次授课之前一天对于下节课的授课内容给出预告推送，同时利用网盘或慕课网站提供给学生相关的背景资料（一般是一段10分钟左右长度的授课视频，对于下节课的主要内容作出提纲挈领式讲解，而不是使用完整内容分成的若干段短视频[8]，也提供相关的参考书目）。学生可以利用零散时间在任意地点完成对于课程主要知识框架的认识，同时通过慕课网站提前向教师提出问题。教师也可以通过提问反馈和慕课系统后台对于学习、学习进度的记录大致掌握学生的预习情况，通过学生的提问了解学生最困惑和关心的问题，有针对性地调整教学重点。

2. 学习文化培养

翻转课堂教学模式中，课堂不再是教学过程唯一的现场，教学的过程通过网络拓展到更多场景，论坛中对于课程内容的问答与争论也开始出现。即便在课堂上，教师也不再是绝对的"主角"和知识的唯一来源，课堂的核心内容从以教师为主角的"教"转变为以学生为主角的"学"。这要求在课堂上的教学不再是完全以教师为主的讲授，而是以学生为主角、教师为辅助的师生互动。课程采用主题发言、专题讨论和学生授课与教师授课相结合等方式，转换教与学的关系。教师虽然退居课堂的配角，但是担负着引导讨论范围和深度、决定学生与教师授课提纲和重点内容的责任。

3. 课程内容优化

整体构思课前预习、课堂教学、课后评价的过程，利用教学内容来帮助学生提高对概念的理解和对操作技能掌握的熟练程度。考虑到外国建筑史课程不同于普通历史类课程的特点，采用"时间—空间"双线索来替代传统的单一时间线索来组织外国建筑史知识体系。此外，在约1/4的课上使用故事化素材引出内容，以提高课程在翻转教学模式下的吸引力。在此过程中，教师需要反复斟酌哪些内容应该采用讲授法教授，

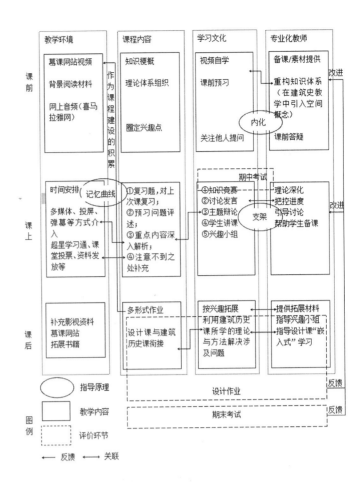

图1 外建史课程翻转课堂模式框架   ←── 反馈   ── 关联

哪些内容由学生自主学习,哪些内容安排在课堂中进行讨论才能更加有利于认知迁移。精心设计的教学内容,可以使课堂时间利用最大化,也帮助认知迁移有效实现。

　　4. 专业化教师塑造

　　翻转课堂是比较灵活的教学方式,对教师提出了更高的要求。一方面,课程主讲教师通过持续学习,对于国内主要建筑院校的同课程的教学录音、视频和课件资料的收集与学习促使这样的过程更有效;另一方面,多次参加全国建筑教育相关会议也持续塑造专业化的教师团队。通过对课程 (教学理论体系的构建)、资源 (学习条件的准备)、课堂 (教学过程控制) 三个环节持续改进,初步建立了课程实施框架,如图1所示。

　　(二)认知迁移理论对于教学实践的推动:

　　基于如上理解,作者认为翻转课堂教学模式建构的根本在于利用技术手段,改善和促进认知迁移过程的顺利实施。学生在学校教学过程中接触建筑史的基本史实和历史建筑知识,并不意味着从理论学习 (陈述性知识) 到设计实践 (程序性知识) 的学习迁移即此发生,而只是这一过程的开始[3]。如果这一假设能够得到证实,就意味着我们可以通过技术手段改善认知迁移的过程,进而有效改善学习进程。

　　那么,我们如何利用新的手段促进认知迁移过程?这需要对认知迁移的过程进行分析:在斯滕伯格的迁移理论中,"组织"是影响迁移的重要机制[5]。如果对于头脑中的知识进行合理地组织,迁移的效果就好,反之则无法形成迁移或出现负迁移。因此,需要进行合理组织,也就是要根据信息内在的深层结构进行组织,而不是根据知识的表面特征进行组织。

　　首先,原有认知结构对迁移有较大影响。学习者是否拥有相应的背景知识是迁移能否产生的前提条件。对于外国建筑史来说,学生理解西方建筑体系时一个很大的实际困难是缺乏对于西方历史与文化背景的了解。为此,课程设计了两个层次的内容:一方面,通过每个年代一段简明扼要的短视频 (10分钟左右),帮助学生快速建立起对于西方历史与建筑产生背景的基本认识;另一方面,精心挑选纪录片、书籍作为拓展阅读的富媒体材料,帮助有兴趣的同学进一步夯实背景知识基础。

　　其次,原有的认识结构的概况水平对迁移起到至关重要的作用,为帮助学生提高思考水平,安排了关于思维导图方法的讲解和作业,鼓励学生利用时间推进、源流发展、材料改善、技术进步等多种线索将看似分散的知识点加以串联。

　　此外,学习者是否具有相应的认知技能或策略以及对进行认知活动进行调节、控制的元认知策略[1],也影响着迁移的产生。这是在课下或线上难以解决的,课程尝试在课上通过讲解与讨论的方式丰富学生的认知技能与策略,促进学生对于信息的深层结构进行组织。依然以"路易斯·康"一课为例:在介绍建筑师路易斯·康之前，先要求学生在课前观看其子拍摄的关于父亲的纪录片，建立对于康的作品的感性认识。然后在课堂上先介绍路易斯·康的作品实例（陈述性知识），进而从思想来源、纪念性和形式法则三个方面（过程性知识）对康的建筑思想发展加以讲解并进行讨论。讨论内容包括：康的设计与我们之前学习的经典的现代建筑设计有什么策略上的差异？现代建筑是否需要纪念性？康的思想来自何处？康的形式逻辑如何在其作品中实现？这几个问题由浅入深，一步步引导学生理解康的建筑思想。真正理解了对于建筑形式法则的创造与遵循后，才有可能真正将课上学习得到的设计方法用于建筑设计实践。此刻，元认知发展水平[②]才真正得到提高，知识迁移得以比较完整地实现。

传统的课堂里，学生基本上通过课上听教师讲解来获取与积累知识，课后复习非常少，多数是在期末进行1周左右高强度的系统复习。课上基本上是以一个历史时段或建筑风格为主题，进行两个45分钟的知识灌输，学生几乎完全处于被动状态。本课程在"为迁移而教"[③]的理念下，从时间分配、内容选择、形式调整这三方面对翻转课堂教学模式建构做出尝试。

1. 时间分配：

图2所示为对于一个典型授课单元（2课时+1课间，约100分钟）的时间划分：开始设置回顾与概述的时间，帮助学生进入状态，完成与之前课程的知识衔接，同时也避免个别迟到的学生漏听重要内容。下课前的5分钟用于教师对本次课内容的总结与展望，而中间的时间，被课间划分成两部分，前一部分主要用于教师以讲故事的方式对于基本内容做出整体陈述并进行理论阐述，完成一个知识组团的知识认知。后一部分用于对于重点问题的探讨式学习。

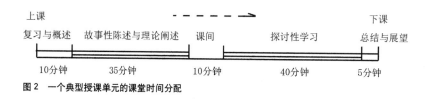

图2 一个典型授课单元的课堂时间分配

2. 内容的选择：

在教学内容的选择上，结合认知迁移理论的"内化"和"支架"概念做出调整：

（1）内化（internalization）

内化是指从社会环境中吸收所观察到的知识，从而为个体所利用。从维果斯基的观点来看，相互作用非常重要，因为它是内化的基础。学生通过听其他同学提问，可以学到当自己对教师教的某个概念不理解时应该如何提问。因此，重视课前预习的环节，通过慕课网站让学生将自己提出的问题与教师和其他学生分享非常重要。这样不仅可以提高解决问题的效率，在内化作用的帮助下，使未提问学生的学习效果接近于提问学生。

（2）支架（scaffolding）

鲁文·富尔斯坦（Reuven Feuerstein）发现，学习主要通过两种不同的途径，一种是直接教学，另一种是中介性学习经验。[④]中介性学习经验就是起一种支架的作用——通常是教师以环境为中介提供有效的帮助和支持，借此来促进认知的、社会情绪的、行为的发展。[⑤]在外国建筑史的教学中，利用慕课的技术手段将学生带入情境。在高等教育中，不同于在学龄前儿童的教育中那样可以寻求家长的帮助，但是较成熟的学习者的中介性学习经验依然非常有价值。课程尝试了请有海外游学经历的高年级同学在教师指导下备课，讲授"日本中古建筑"等内容，并组成外国建筑史兴趣小组，加强学习讨论与组织。

四、教学效果评估

考试并不能完全跟踪与反映学习状况，而日常教学过程中一般不会做定量评价，因此对于教学过程效果的量化评估比较困难。但可以综合通过课堂表现、课后作业和期末考试三方面加以检验。

从2012年起，天津城建大学外国建筑史课程开始尝试基于认知迁移理论的教学改革与试验，在2010级到2016级共6个年级，以建筑学专业为主，也涵盖城市规划、园林、艺术设计等5个专业的学生中分阶段地进行了渐进式的教学尝试，并在2014年进一步建设了课程慕课网站，开始尝试翻转课堂教学。检验活动大致遵循如下几个原则：①课堂上不看出勤率看反应，课题出勤率会受到学生所处的学习阶段、学校的要求、学生对于学习的自我安排等因素影响，学生缺席的原因多种多样，可能是设计课程马上要交作业了、流感盛行、自主学习等等各种原因，所以单纯利用出勤率来判断教学效果没有太大的意义。检验效果的方

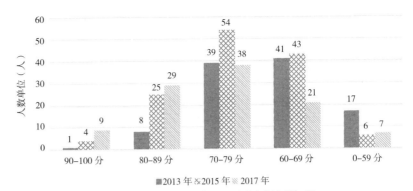

图 3 2013、2015、2017 年天津城建大学外国建筑史课程期末考试成绩对比
注：本图中的数据来自天津城建大学外国建筑史课程档案

法是观察学生在课堂上倾向于坐在什么位置。当学生更积极地坐在教师面前时，可能是由于课堂讲解对其有较强吸引力；如果更倾向于坐在投影屏幕前，可能是更关注课堂上展示的图片与课件；如果是坐在远离教师的地方，说明课堂讲解对其吸引力下降，需要改进。②作业不看完成数量看创造性与积极性。如果学生更加积极主动地参与教学过程，如协助组织课堂知识竞赛、积极报名申请讲课、主动记笔记、主动索要课程参考材料等说明学生更主动地投入教学过程中。③成绩上是不看分数看分布。对于期末考试的考卷，不仅仅是分析考卷的总分数，也具体分析学生得分与失分的题目分布。

在教学目标中，强调认识迁移是可以牺牲部分对识记类知识的短期记忆效果来促进对于建筑史的学习的，但在实际考试中发现，识记类的题目的作答正确率并没有下降，反而有一定提升（参考课程档案），证明尽管基于认知迁移理论的翻转课堂尝试并不强调知识的记忆而是以知识迁移为目标，但并没有证据表明它会影响知识记忆的效果。

由课程档案记录的期末考试成绩的对比可见图 3。尽管受多种因素影响，成绩分析不能完全反映教学情况，但在试卷难度基本保持稳定的前提下，成绩在 90 分以上和 80 以上的学生比例体现出增长的趋势。这体现出基于认知迁移理论翻转课堂实验确实对于提升学生学习效果的上限有一定促进作用。同时，兴趣小组的活动比较活跃，也反映出翻转课堂教学模式激发了学生兴趣，促进了自主学习。

学生对于翻转课堂教学环节认可度的统计   表 1

题目 \ 选项	完全符合	基本符合	一般符合	基本不符合	完全不符合
课程知识体系清晰，能明确各部分学习任务	15.31	40.82	13.27	5.10	25.51
慕课网站的资料丰富，能够满足我学习的需要	38.78	36.73	16.33	8.16	0.00
课堂时间安排合理，能在课上解决大多数学习问题	53.06	26.53	12.24	6.12	2.04
慕课网站学习体验好，能够有效地促进学习	12.24	20.41	38.78	20.41	8.16
评价反馈及时，能解决学习中的实际问题	5.10	7.14	30.61	36.73	16.33

注：单位 "%"，调查年份为 2018 年，回收的有效调查问卷数：98 份

而在 2018 年，对于 2016 级建筑学专业学生进行了网上调查得到结果如表 1 所示。有效回收问卷中多数学生对知识体系的清晰程度评价较好，认为能够满足学习所需，也对翻转课堂的时间安排和教学效果认可程度较高，对于其对学习的促进作用给出正面评价，同时也反映出在线教学部分的评价反馈不够及时的问题，需要在接下来的教学环节中加以改善。

五、结语

以时间分配革命和师生角色转换为特征的翻转教学模式推动了在线教育的发展。在认知迁移理论的指导下，教学过程中的各个环节可以得到优化。因此，结合在线教学的资源和方法，在面授教学中采用翻转课堂的模式来审视并改进教学模式是有意义的——本文从既往研究基础上，从教育心理学出发展开思考，提供了从高等教育中专业基础课程开展认知迁移理论指导下翻转课堂模式构建的实践案例，探讨了具体课程构建策略下的实际教学效果差异。实践表明，这样的尝试对于促进纯粹理论到生产实践的认知转移有正面效果。

2018 年 10 月 26 日，在南京举办的建筑史教学观摩交流会上，清华大学青锋、天津大学杨菁两位教师都在教学中将历史类的知识陈述与设计类的方法应用更紧密地结合起来讲授，实际上是从教学模式的设计

中突出了对于认知转移结果强化的步骤，受到了与会专家的集体肯定。这从侧面印证了建筑史教学日益注重从理论到实践的认知迁移的新动向。这一动向在强调实践的设计类理论课教学中也带有普遍性。尚需说明的是：本翻转课堂设计思路在认知理论指导下，提供了从教学过程的各个环节改善教学效果的操作思路，但具体到不同的学科，还需要细致分析，找到适合各自特点的切入角度和实施策略，才能有效发挥作用。

注释：

① 元认知策略

② 亦译"次认知"、"反省认知"、"后设认知"。通常指主体对自己的认知活动的认识和评价。它包括元认知知识、元认知经验和元认知技能三个方面。(1) 元认知知识，即关于认知和见识的知识，其中最重要的是关于人类的思维能量和限度的知识。(2) 元认知经验，即任何伴随着并从属于认知作业的自觉的认知经验，包括"知的经验"和"不知的经验"，如一个人认识到某道算术题做得对还是做得不对。(3) 元认知技能，即那些对于知识和技能的获得、使用所需要的认知技能。如知道怎样复习功课、怎样控制自己的行动等。现代心理学家已将元认知能力看作智力的一个侧面，并强调培养元认知能力的重要性。

③ 贝尔蒙特和加泰勒关于认知策略的迁移问题的研究表明迁移是存在的，但既不是形式训练说所讲的"能力（官能力量）"的迁移，也不仅仅是贾德所说的原理迁移，而是更具概括性的策略迁移。实践上，它使我们更好地认识到策略性知识的巨大价值，教学应"为迁移而教"。

④ 直接教学（direct instruction）是指在教学情境中，教师、家长和其他权威人士通过教学把知识传授给学生。中介性学习经验（mediated learning experience,MLE）是指在学习情境中，较成熟的学习者通过解释环境中的时间来间接地帮助学生学习，他们并不直接讲课。

⑤ 这是参考 20 世纪 90 年代初期由社会学家拉尔夫（Lave）和人工智能专家魏恩（Wenger）提出的社会学习理论，对支架作用的有意识强化，帮助大多数学习者通过中介性学习经验促进学习。

参考文献：

[1] 赵兴龙.翻转教学的先进性与局限性 [J].中国教育学刊，2013，（04）：65-68.

[2] 赵兴龙.翻转课堂中知识内化过程及教学模式设计 [J].现代远程教育研究 .2014，（2），第 55-61 页 .

[3] 张楠.外国建筑史教学中的空间观念培养 [C].2012 全国建筑教育学术研讨会.福州大学.福州.

[4] 黄阳，刘见阳，印培培，陈琳."翻转课堂"教学模式设计的几点思考 [J].现代教育技术，2014 (12)：100-106.

[5] [美] 斯滕伯格，威廉姆斯.教育心理学（第一版）[M].2003 年，北京：中国轻工业出版社.

[6] 李亦菲，朱新明.对三种认知迁移理论的述评 [J].心理发展与教育，2001，（01）：第 58-62 页.

[7] 冯忠良等.教育心理学 [M].2010 年，上海：人民教育出版社.

[8] Patanwala, A.E., B.L. Erstad and J.E. Murphy, Student use of flipped classroom videos in a therapeutics course[J]. Currents in Pharmacy Teaching and Learning, 2017. 9, (01)：50-54.

[9] 胡小勇，林晓凡.基于"知识迁移"理论的翻转课堂教学模式优化实践 [J].中国电化教育，2011 (7)：78-83.

作者：张楠，天津城建大学讲师、硕士生导师，天津大学博士后

西方建筑历史与理论教学中的"宏观－微观"阅读探析

——上海交通大学"西方建筑历史与理论"课程教学改革探索

赵冬梅　范文兵　刘小凯

Analysis of "Macro-Micro" Reading in Western Architectural History and Theory Teaching ——Exploration on the Teaching Reform of the Course "History and Theory of Western Architecture" of Shanghai Jiaotong University

■ 摘要：20 世纪西方史学经历了从以兰克史学为代表的传统史学到新史学及新文化史的发展过程，西方建筑史学的发展呈现出从宏观到微观的变化，受其影响国内的西方建筑历史教学与研究，从 20 世纪 20 年代起长期的宏观建筑史教学模式，在 20 世纪 80 年代以后逐渐被打破。近年来强调历史丰富性和复杂性的微观阅读出现在越来越多的建筑院校教学改革中。微观阅读能够激发学生的学习兴趣，启发学生的问题意识和思考能力。但过于关注微观阅读而缺乏结构性认知会导致忽视历史关联性，而陷入自说自话的虚构性误区。因此，我们在西方建筑历史理论教学改革中思考"宏观阅读"与"微观阅读"如何平衡，进行了旨在结构与细节并存的优化教学探索。

■ 关键词：西方建筑历史与理论教学　宏观建筑史　微观建筑史　宏观阅读　微观阅读

Abstract：Western historiography experienced the development process from traditional historiography represented by Ranke Historiography to new historiography and new cultural history in the 20th century. The development of western architectural historiography has shown changes from macro to micro, which is influenced by the teaching and research of western architectural history in China. The long-term teaching model of macro-architectural history from the 1920s was gradually broken after the 1980s. In recent years, micro-reading that emphasizes the richness and complexity of history has appeared in the teaching reform of more and more architectural colleges. Micro-reading can stimulate students' interest in learning and inspire students' problem awareness and thinking ability. However, too much attention to micro-reading and lack of structural cognition will lead to the fictional misunderstanding of ignoring historical relevance. Therefore, in the teaching reform of western architectural history theory, we think about how to balance "macro reading" and "micro reading" and carry out teaching explorations aimed at the coexistence of structure and details.

Keywords：Teaching of western architectural history and theory；macro architectural history；micro architectural history；macro-reading；micro-reading

一、宏观建筑史与微观建筑史

1. 宏观建筑史

建筑史的研究和书写离不开史观的影响。西方 19 世纪 30 年代到 20 世纪 30 年代兰克史学（Leopold von Ranke's History）主张的"客观主义史学"是当时史学研究的主流，兰克史学几乎成为传统史学的代名词，对后世的西方史学乃至对中国史学均产生了深远影响[①]。它是由德国历史学家兰克（1795－1886）所主导，主张："如实直书"力求再现历史真实，科学、客观的史料考证，关注英雄史和国家史，注重政治史、军事史和外交史而忽视社会史、经济史和文化史，排除个人主观因素和不探求历史规律[②]。

与兰克史学有一定共同特征的建筑史学代表著作首推 1896 年出版并在之后一百年间对世界建筑史教学和研究产生广泛而深远影响的《比较法建筑史》（A History of Architecture on the Comparative Method），该书在第十九版更名为《弗莱彻建筑史》（Sir Banister Fletcher's A History of Architecture）。它是一部权威的世界建筑通史，通过时间与空间线索，全面、细致地展示了各个时期、各个国家和地区的建筑风格与特点。其主要特征是英雄主义和精英主义史观、严格的正式史料选择、注重客观性和注重政治因素。在我国建筑学建立之初的 20 世纪 20 年代至 50 年代，各所建筑院校外国建筑史教学主要参照这部史学著作[③]。

20 世纪 50 年代至 80 年代，政治史成为历史学研究的主导，建筑史的研究与书写与同时期的历史研究保持高度的史观一致性。各所建筑院校的外国建筑史教学和研究，无一例外均以政治史为依据，以马克思主义辩证唯物史观以及进化论思想为主导，编写的教材在参照西方史学文本的基础上，呈现出鲜明的中国特色：受黑格尔的历史哲学影响，着力建立一个宏大叙事的整体系统，在贯穿着进化论的线性叙事和阶级斗争的意识形态色彩中，阐述并强调建筑历史发展的规律。这一时期外国建筑史教材的代表是 1962 年出版的陈志华先生所著的《外国建筑史（19 世纪末叶以前）》。该书按照社会发展史分期的系统编写而成，从原始社会写起一直到 19 世纪末叶以前各时期各地域的建筑发展史，是宏观建筑史的代表，反映了当时国内的建筑历史教学和研究状况。这部教材 1979 年经过初版再编，成为全国统一编写教材，由中国建筑工业出版

图 1 《比较法建筑史》封面（1924 年第 7 版；1954 年第 16 版；2011 第 20 版）

图 2 《外国建筑史（19 世纪末叶以前）》1979／1997／2004／2010 版封面

社出版。1997 年第二版、2004 年第三版、2010 年第四版陆续被评为"十五""十一五"和"十二五"国家级规划教材和高校建筑学专业指导委员会规划推荐教材。这部教材内容进行了多次调整和修订再版，以适应不断变化的教学发展，至今仍是多数建筑院校的主要教材或教学参考书目，半个多世纪以来对中国建筑教育中的外国建筑史教学产生了广泛而深远的影响[④]。

2. 微观建筑史

20 世纪 80 年代以后，随着改革开放，兴盛于西方 20 世纪 50-60 年代的新史学的研究成果，被大量引入中国。新史学旨在突破兰克史学唯政治因素的"总体史"、突破英雄和国家史、关注阐释和历史规律[⑤]。中国建筑工业出版社西方建筑历史理论译丛的出版[⑥]以及外派出国交流人员也将西方在新史学观念影响下的建筑史学研究成果引入中国，这些因素对国内的西方建筑史学研究和教学产生了冲击。其中年鉴学派（Annales School）提出的"问题史"的观点引发了对宏大叙事历史的反思和对独立问题的关注。与其有一定共性特征的建筑史著作以肯尼思·弗兰姆普顿（Kenneth Frampton）所著的《建构文化研究：论 19 世纪和 20 世纪建筑中的建造诗学》为代表。这部译著引起了国内建筑实践领域对建筑建构问题持久而热烈的讨论，以及对建筑历史理论研究领域的极大关注，也为外国建筑史教学改革试图打破长期以来宏观建筑史教学的局面提供了一种可行的思路。

近年来，兴盛于西方 20 世纪 70-80 年代的新文化史（New Culture History）的研究成果也逐渐影响到国内建筑历史理论的教学和研究，其主要特征是：突破兰克史学和新史学的政治、经济等范畴，关注更加广泛意义上的文化史；非宏大叙事、非连续性，注重片段和深度描述的历史观；自下而上的个体性事件的微观生活史；广泛多样多途径的史料来源[⑦]。与之相关的建筑史研究包括：口述史、生活史、微观史等，如：约翰·彼得（John Peter）的《现代建筑口述史——20 世纪最伟大的建筑师访谈》（The Oral History of Modern Architecture）、西和夫的《日本建筑与生活简史》等著作。而其中发端于 20 世纪 70-80 年代的微观史是新文化史中的重要代表。其主要特征是：与宏大叙事不同，它注重历史的非连续性特征；与关注历史的抽象性不同，它注重历史的复杂性和个体性价值；聚焦微观细节，突出对特定对象和特定时期的深入描述。其价值在于：强调个体事件和人物的独立价值，从边缘审视事物，避免习惯性的主体导向。与其有一定共同特征的建筑史著作，如彼得·埃森曼（Peter Eisenman）所著的《建筑经典：1950-2000》（Ten Canonical Buildings：1950-2000）等。

综上所述，我们将宏观建筑史与微观建筑史差别简要总结如下（表 1）：

二、从宏观阅读到细致阅读外国建筑史

1. 教学改革背景

长期以来，宏观建筑史的模式在教学中对于学生获得西方建筑的发展概貌十分奏效，它能够帮学生建立关于一个时代建筑的成因及建筑特征的基本认识。近年来，随着信息渠道急剧增长的信息交流，国内建筑界与日俱增地对西方建筑历史理论的兴趣，西方新近建筑史学研究成果被大量引入国内，以及建筑教育对具有创造性和批判性人才培养的需求，宏观建筑史教学模式已不能满足当代建筑教育发展的需求。2005 年起，由东南大学发起，两年举办一次的"世界建筑史教学与研究国际研讨会"，旨在促进各个院校制定"世界建筑史"教学计划、研讨教学内容、推动教学改革。在东南大学、同济大学、清华大学和天津大学带领下，国内各建筑院校的西方建筑史教学相继改革，涌现出诸多颇具特色的教学探索。

2. 教学探索方案

2010 年上海交通大学建筑学系开始对"外国建筑历史与理论"课程进行改革，尝试打破宏观建筑史的授课模式，不再局限于宏大叙事的编年史＋风格史，而是让建筑历史的学习见物、见人、见思想和见方法。在本科三年级"西方建筑历史与理论"课程教学改革中，尝试以新史学的"问题史"观念与新文化史的微观史的观念相结合合为指导，设计了以两类以"问题"为导向的微观史专题教学。第一类，建筑历史理论的重要议题，如：文化传统与现代性问题、全球化与地域主义、普适性与地域性、民族国家与风格等，从中设计出若干微观史专题教学方案；第二类，建筑学本体问题，包括形态、空间、建构和基地等问题。此类问题的设定是基于将西方建筑历史与理论视为一种可操作的"知识"、方法和促进设计思想文化发展的动因而进行的教学方案设计。我们围绕这两类问题对西方建筑历史理论的教学内容重新梳

宏观建筑史与微观建筑史的主要差别　　　　　　　　　　　　　　　　　　　　　　　表1

类目	类比内容	宏观建筑史	微观建筑史
1	研究对象	宏观的建筑历史整体	微观的建筑历史细节
2	关注特性	建筑历史的抽象性、连续性	建筑历史的非连续性、片段性
3	抽象与具象	综合性研究、概括性分析、主观总结	特定历史时期、特定研究对象深入描述

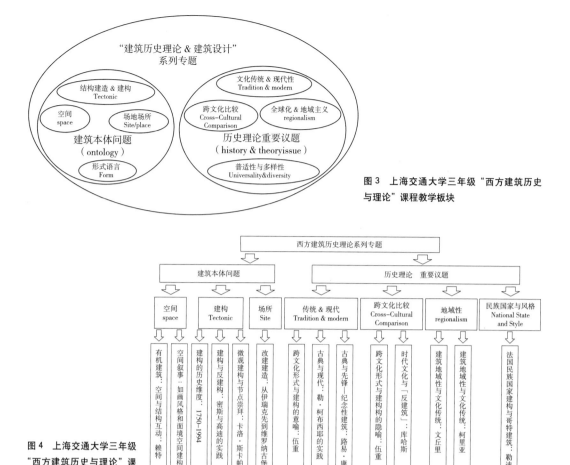

图3 上海交通大学三年级"西方建筑历史与理论"课程教学板块

图4 上海交通大学三年级"西方建筑历史与理论"课程的系列专题

理、提炼和整合。

以"问题"为导向的微观史专题教学方案，打破了时间和风格对建筑判断的支配性标准，展开对西方建筑历史和理论的细致阅读，即对历史建筑、建筑师、建筑思想和建筑理论在特定语境下进行更准确的定位和深入分析。第一类，针对"建筑本体"问题的专题，采取知识型阅读：案例的深入阅读先借助图解工具进行阅读、再现和分析，随后把历史层次沿着某一剖面展开，将不同历史时期的建筑案例进行并置、比较和分析。打破风格断代的局限，打破现代主义的审美判断，建立起对建筑本体的细致阅读，试图在建筑历史理论与设计实践之间建立联系。第二类，针对建筑历史理论重要议题，采取分析式阅读：强调历史理论文本之间的关联，以及相对建筑学主体的作用。注意细致阅读的着眼点宜小不宜大，以便于把控。通常借用某位建筑师来串联相关材料，如用伍重来串联跨文化形式与建构的隐喻。在材料阅读的同时，延展到相应的案例分析，发展出一个相互关联的理解场域。

三、对细致阅读外国建筑史教学效果的总结与反思

教改实施五年后，我们对教学效果进行了评估和总结。细致阅读起初的教学效果反馈非常积极：第一，专题化微观史教学有明确的问题导向和讨论主题，能够启发学生的问题意识（如何在建筑历史理论学习中去发现问题、分析问题和解决问题），能够培养学生的批判性思维。第二，专题化微观史教学在内容上能够呈现出历史的丰富性和复杂性，能够通过细致阅读和深度追溯激发学生的学习兴趣，培养学生的研究能力，极大地活跃了学生们的学习热情和建筑思想。第三，专题化微观史的教学设计在很大程度上丰富了学生的西方建筑历史和理论知识结构，延伸到建筑思想史的领域，使学生对建筑历史的观察更加鲜活起来。

随着时间推移，一些问题逐渐浮现出来：第一，历史的丰富性和复杂性不可穷尽，微观史专题的拓展可以无止境延伸，知识的重复与更新之间如何平衡。第二，关注寻找和挖掘更多的研究对象，容易导致对经典个案的价值忽视，既有的经典与新颖的平常之间如何平衡。第三，容易陷入技术操作的狭小范围里获得自足。第四，容易产生"所见即所得"或部分的叠加就是整体，陷入自说自话的虚构性误区。第五，缺乏强大的整体的结构性认知和支撑性背景会导致对历史关联性的忽视，陷入宣言性误区。

这些问题的出现让我们意识到：建筑历史理论教学，知识架构性的宏观阅读和深入细致

的微观阅读二者不可偏废。那么，宏观阅读与微观阅读如何结合？微观阅读如何具有历史视野？宏观阅读怎样才不会过于抽象？将这些宏观与微观之间的裂隙间视为具有张力的空间，成为我们进一步探索西方建筑历史理论教学中的"宏观—微观"阅读平衡的动力。

四、宏观阅读—微观阅读建筑史相结合

通过反思，我们决定在一定程度上保留西方建筑历史理论的系统教学环节，使学生对建筑历史和理论的基本范畴和原则、围绕这些原则发生的种种历史变迁、如何通过历史的嬗变将概要性的理论原则和趋于系统化的过程有所了解。在大的分期概念下，为学生梳理出西方建筑历史和理论的基本发展线索，使他们理解历史上的建筑发展和思想演变，获得整体的结构性认知，从而有能力为面临的建筑问题找到恰当的定位以及背景知识支撑，充分发挥宏观阅读的结构性作用。同时，在具体教学内容上，以"问题史"和微观史相结合的观念为指导，通过问题来确定若干专题，展开建筑历史和理论的讨论；通过微观史研究实现对历史的丰富性和复杂性阅读。

因此，在2015年第二轮"西方建筑历史与理论"教学改革中，我们尝试将宏观阅读与微观阅读结合，试图实现结构与细节并存的优化状态：基于对西方建筑历史的整体认知，在大的结构中锁定有价值的代表性问题和个案，对重要和特殊的历史对象进行关注；反之在微观阅读中对隐藏在人物、建筑、理论背后的一些基础性线索进行串联，以整体的视野去理解个案的定位、意义和价值，保持一定的历史视野。在操作层面，运用新史学思想指导学生进行个案细致阅读时，充分利多渠道的史料——政治的、经济的、地理的、历史的、艺术的、人文的、生活的各类资源。重新制定的教学方案如下（表2）：

第二轮教改中重新制定的教学方案表　　　　　　　　　　　　表2

讲次	主题	内容
1	西方建筑史论序言	
2	西方古典建筑（一）：艺术之盛极	古典建筑之源——古埃及、古西亚、古代爱琴的建筑 古希腊建筑 - 胜地与神庙 - 古希腊柱式 - 雅典卫城
3	西方古典建筑（二）：技术之伟大	古罗马建筑 - 拱券与穹隆 - 古典柱式的完善 - 城市与建筑 维特鲁威《建筑十书》
4	哥特建筑：直刺苍穹——结构的魅力	法国 - 早期哥特建筑 - 盛期哥特建筑 英国 & 法国哥特建筑之比较
5	文艺复兴与手法主义：和谐美与变通	文艺复兴建筑与手法主义建筑 建筑比例 - 建筑图像与透视
6	巴洛克与古典主义建筑：激情的涌动 & 秩序与章法	罗马巴洛克建筑 - 巴洛克城市广场 - 从伯尼尼到瓜里尼 法国古典主义建筑 - 皇家建筑学院与建筑理论 - 古今之争
7	18-19世纪西方建筑：迷茫中的探索	学院派 - 理性主义 - 浪漫主义 - 工程技术的影响
8	19世纪末 -20世纪初的建筑：新建筑的端倪	新艺术运动 - 芝加哥学派 - 德意志制造联盟 -A·路斯
9	现代建筑（一）：形式语言的发展	表现主义与未来主义 - 风格派与构成主义； 勒·柯布西埃 - 走向新建筑 - 柯林·罗的研究
10	现代建筑（二）：空间语言的发展	格罗皮乌斯与包豪斯 - 密斯 - 透明性 国际式 -CIAM- 基迪翁
11	现代建筑（三）：建造语言的发展	芝加哥框架 - 赖特的有机建筑—织理性建构 安东尼·高迪 - 密斯 - 建构的探讨
12	现代建筑（四）：现代主义的多样性	赖特的有机建筑；芬兰的地域建筑； 日本现代建筑；巴西现代建筑
13	"二战"前后的城市规划与建筑理论	勒·柯布西埃 -TEAM10- 荷兰结构主义 - 新陈代谢派
14	从现代到后现代	罗伯特·文丘里的理论与实践
15	建筑类型学	罗西的理论 - 批判的地域主义
16	当代城市解读	库哈斯 - 解构主义 - 图解建筑

我们建构了宏观与微观相结合的课程架构：在整体认知基础上进行细致阅读，既不同于简单的风格编年史，又区别于空泛的理论解说；关注整体框架中的丰富细节，强调具体历史事实或理论学说本身的丰富性和差异性；注重思想史、图像史与问题史的共同解读；兼顾理论历史学习的多元性与批判性，让西方建筑历史和理论教学成为创造开放的思想空间。

五、总结

随着西方史学发展和建筑史学的嬗变，国内的西方建筑历史理论教学和研究日新月异，探索符合当代建筑教育需求的西方建筑史教学任重道远。本文集中探讨了与宏观建筑史和微观建筑史相对应的宏观与微观阅读两种教学方法：从打破宏观建筑史的编年史＋风格史开始，突破时间和风格对建筑判断的支配性标准，尝试了以"问题史"和微观史为导向的专题化教学，展开对西方建筑历史的细致阅读，最后将宏观阅读与微观阅读相结合的整个教学转变。该教学探索旨在提出西方建筑历史课程教学改革可能的途径，与兄弟院校已有的经验与措施进行交流与学习，使我们的教学得到进一步的提高和完善。

注释：

① 相关研究成果综述可参见：易兰.兰克史学研究 [M]. 上海：复旦大学出版社，2006.12.
② 引自：侯树栋.20 世纪西方史学对兰克史学的批判与继承 [J]. 史学月刊，1999.2；98.
③ 参见：赵冬梅.中国建筑教育中的西方建筑史教科书研究（1918-1980s）[D]. 上海：同济大学博士论文，2013.
④ 同上。
⑤ 参见：陈恒，王刘纯主编.新史学.第十三辑（艺术史与历史学）[M]. 郑州：大象出版社，2016. 黄延龄.从兰克史学向新史学的转型——历史认识论，方法论及其目的之探讨 [D]. 上海：复旦大学博士论文，2013.
⑥ 参见：王贵祥."西方建筑理论经典文库"的翻译与引进 [J]. 城市建筑，2016.1；89-92.
⑦ 参见：陈恒，王刘纯主编.新史学.第十七辑（文化史与史学史）[M]. 郑州：大象出版社，2016.

参考文献：

[1] 王新.兰克客观主义史学与后现代主义史学的比较分析 [J]. 2017（15）；104-105.
[2] 易兰.兰克史学，西方史学传统及其现代意义 [J]. 史学史研究，2014.1；84-87.
[3] 张广智等.兰克史学和它的世界影响 [J]. 历史教学问题，2005（03）；48-57.
[4] [美] 肯尼思·弗兰姆普敦.建构文化研究：论 19 世纪和 20 世纪建筑中的建造诗学 [M]. 王骏阳译. 北京：中国建筑工业出版社，2007.
[5] [美] 约翰·彼得.现代建筑口述史——20 世纪最伟大的建筑师访谈 [M]. 王伟鹏，陈芳，谭宇翱译. 北京：中国建筑工业出版社，2019.
[6] [日] 西和夫，穗积和夫.日本建筑与生活简史 [M]. 李建华译. 北京：清华大学出版社，2016.
[7] [美] 彼得·埃森曼.建筑经典 1950—2000[M]. 范路，陈洁，王靖译. 北京：商务印书馆，2015.
[8] 卢永毅.现代建筑历史的多种叙述 [C]//2013 世界建筑史教学与研究国际研讨会会议论文集. 重庆，2013；2-8.
[9] 赵冬梅.中国建筑教育中的外国建筑史教科书研究（1920s-1980s）[D]. 上海：同济大学博士论文，2013.
[10] 范文兵.探索研究型建筑教育模式——上海交通大学建筑教育特色初探 [J]. 城市建筑，2015.177（6）；130-136.
[11] 王贵祥.关于研究生理论课程——《西方建筑理论史》教学的几点体会 [C] // 第二届世界建筑史教学与研究国际研讨会 - 跨文化视野下的西方建筑史教学会议论文集. 上海，2007；25-31.
[12] 范凌.设计讨论课：历史理论和建筑设计教学之间的批判界面 [C]// 第二届世界建筑史教学与研究国际研讨会 - 跨文化视野下的西方建筑史教学会议论文集. 上海，2007；120-124.

图片来源：

图 1 Banister Fletcher，A History of Architecture on the Comparative Method.7th Edition，1924；16th Edition. 1956；20th Edition，2011.
图 2 陈志华.外国建筑史（19 世纪末叶以前）[M]. 北京：中国建筑工业出版，1979/1997/2004/2010.
图 3 作者自制
图 4 作者自制

作者：赵冬梅，建筑历史理论博士，上海交通大学设计学院建筑学系，副教授；范文兵（通讯作者），上海交通大学设计学院建筑学系教授，博导，思作设计工作室主持建筑师；刘小凯，上海交通大学设计学院建筑学系，工程师，国家一级注册建筑师

多重维度的建筑概念框架

——基于词汇的建筑观念史教学模式

肖靖　饶小军　顾蓓蓓

Multi-dimensional Conceptual Framework of Architectural History
——Curriculum of History of Architectural Ideas Based On Vocabularies

■ 摘要：本文先从建筑历史与理论学习的历史角度出发，分析了当下建筑史学习仍需以"问题"为导向的必要性和回应当今建筑实践的角色困境，进而提出以关键理论概念词语的历史脉络为基础的观念史方法论是打破僵化学习语境的重要手段，着重根据阿德里安·福迪教授所著《词语与建筑》一书对实证性和规范性理论等两种概念词语的史论辨析，发展出以十余个概念词汇为探讨对象的建筑系研究生理论专业课程框架，并对其教学价值列举例证和看法。

■ 关键词：建筑历史与理论　观念史　阿德里安·福迪　概念

Abstract：This article aims to analyze the necessity of architectural learning by means of historical questions while with a broader inspection of its historical phases. Drawing emphasis upon Prof. Adrian Forty's book *Words and Buildings*，it promotes a pedagogical perspective of the key architectural concepts in relation to their contexts and meanings through variations of positive and normative theories. This methodology of history of idea further provides a targeted framework for graduate students in architecture to counteract the popular fixed mode of understanding and explanation of architecture nowadays.

Keywords：Architectural History and Theory；History of Idea；Adrian Forty；Concept

1 作为问题形式而存在的建筑历史教育

1.1 历史语境中的建筑历史学科与教育

自从 1671 年法国皇家建筑学院正式成立以来，建筑师便以职业化的方式被不断生产。尽管建筑学因此作为新兴的"学科"而获得一定自主性，但建筑历史及其理论却并未真正从艺术史的禁锢中解放出来，其藕断丝连的相互影响一直持续到 20 世纪后半叶，那时整个 70 年代和 80 年代的建筑历史与理论学习，在包括詹姆斯·阿克曼（James Ackerman）、

本项目基金支持包括国家自然科学基金面上基金项目（51978403），国家自然科学基金青年基金项目（51608326），以及广东省哲学社科"十三五"规划一般项目（GD17CYS01）

科林·罗（Colin Rowe）、文森特·史高丽（Vincent Scully）、罗莎琳德·克劳斯（Rosalind Krauss）、安东尼·维德勒（Anthony Vidler）等美国学者，或者最初于艾克赛特大学而后转入剑桥的约瑟夫·雷克韦特（Joseph Rykwert）及其同僚达利博尔·维塞利（Dalibor Vesely）等学者的努力下，在世界各顶级建筑院校的建筑学教育体系中蓬勃发展。但是，随着千禧年后的学科转向，这种分离势头再次陷入"盲区"。究其原因，三十年前被 Manfredo Tafuri 所预言，自 Emil Kaufmann 或者 Bruno Zevi 时代便在学界内广泛存在的"执行式"史学研究悖论依然存在。[①] 还有一种声音，诸如伦敦大学学院建筑历史教授 Mario Carpo 所认为的，现下某类建筑史书写依然保有些许对地域性、抽象性的集体记忆，因此依旧可以被某个特定族群用来狭隘地证明其"土地所有的合法性"。[②] 这些思想轨迹都深刻地影响了近年的建筑历史教育。

此外，石油危机之后的建筑学研究，越发脱离专业实践指导，历史研究被建筑师群体广为诟病。在单纯的人文研究体系束缚下，"从其原本要改革的对象中抽离出来……而游离于学科自省的范围之外，并以一种随意安插（gravitate）的方式投射到（指导）实践中去"，[③] 在麻省理工学院建筑理论教授 Mark Jarzombek 看来，这种建筑史学教育方式使其变得越发居无定所。

上述三种局面，不仅无助于促进建筑学科知识的进一步整合，而且会因学科设置变化而存在某种危险，在形式上被三年为期的硕士教育体系所限制，在学术上更为技术和算法至上的新设计理念与模式所取代。为了应对这种在专业研讨中失去主导乃至参考作用的潜在危险，建筑历史教育只能变本加厉地维护自身的学科边界，回到传统人文学科（比如艺术史学领域）内部去舔舐伤口。[④] 还有一种现象值得注意，当下理论研究有将动词或形容词随意名词化的倾向，以此得到"概念性"的专用词汇；对这类词汇缺乏限定的滥用，直接导致设计的专业论述显得不食人间烟火，而不少建筑学学生和设计师，乃至学者却乐此不疲。[⑤] 或出于视角，或出于意识形态，抑或出于越发细化的学科分野，无法直接回应当今社会建筑学的症候与困境，这是建筑历史与理论研究和教育所面临的一个核心问题。

1.2 建筑视野下的历史知识框架与影响

建筑历史与理论的知识庞杂，让普通建筑师无法轻易做到兼收并蓄，而必须通过结合长期的实践经验来不断体会、揣摩和融合建筑史学所提供的过往经验，从而助其做出多维度、相对正确的设计判断。[⑥] 所以如何书写建筑历史，尤其是

能够梳理出一部反映和呈现当下问题与思考的建筑史书，便历来困扰着建筑史学者的著述和教育事业。建筑史学教育究竟应当承担何种责任与义务？它的角色如何设定？

反观早期建筑历史学家詹姆斯·佛古森（James Fergusson），他在试图整理全球建筑史时所秉持的理念，直接决定了书籍以一种类似观念史的形式出现：其目标是在世界范围内形式各异的建筑类别中，尽量梳理出一条清晰的脉络，帮助那个时代的人们寻找到和谐统一的建筑理念。这与同时期的学者班尼斯特·弗莱彻（Banister Fletcher）所承担的任务决然不同，后者以近乎百科全书或词典的方式，将世界建筑以形制、地域、族群或气候特征为标准，清晰系统地划分出门类。这种知识框架和处理方法能够从侧面体现出对于历史研究这个主题时，19世纪的欧洲所持有的疑问。简单来说，就是当"历史"成为一个问题，当历史科学允许建筑师用大量考古证据来推断过往时代的人，他们会开始担心一种可能性，即后世将用相同的方法和眼光来评判和挑剔他们自己；在这种"历史主线"上做出任何出格的设计突破，都会有沦为后世证据、授人以柄的潜在危险。在这种语境下，弗莱彻采用相对保守的书写方式，就比较好理解其背景了。佛古森不会担心这种危险，这个商人背景的二手设计师希望将建筑时代理念抽象化，凝练其设计思想维度，批判历史证据以获得一种观念缘由，它能够用来区分和定义当下建筑与其他时代遗存有所不同的深层原因。

积累和陈列史实是19世纪建筑历史理论的必要准备阶段，但绝非该学科千禧年后所应具有的全部面目。如佛古森之所为，历史研究的目标应该是思考人类在环境中发展，并在此过程中因何逐渐成而为人的基本问题，建筑历史理论的专长在于思考过往如何通过"建造活动"这一特殊行为来帮助实现此发展过程。[⑦] 这个过程的每个时代环节都有属于自身认定的角度和局限，历史教育从而制约了同时期建筑师的思维路径和设计成果。这种具有时代特征的思维路径，借由建筑学教育体系而习得，深刻地影响到建筑师理解构筑物、环境乃至空间（当然那时这个词还未曾进入古典建筑学理体系）的方式和方法，作为个人无法摆脱这样一种"成型"的知识框架体系和语境。这是一种天然的束缚，使得无论是建筑师还是建筑历史学者，都无法轻易凭借个人的知识积累来产生新的观念和视角。作为面对建筑学硕士研究生的建筑史课程，我们究竟该如何突破这种固化的思考套路，来构筑和阐释当下设计的新思想？

2 从建筑历史的概念到阿德里安·福迪所著《词语与建筑》

A historian should try to escape from the prejudices of his own period.

历史学家应当远离时代的偏见。

——Bruce Allsopp, Architectural History and Practice, in *Journal of the Royal Society of Arts*, Vol.116, No.5139, Feb 1968, p.224

属于我们这个时代的建筑历史与理论框架可能以表 1 的形式而得以呈现并推介出去。

2.1 建筑历史概念的种类及其教学意义

无论采用何种性质的理论来论述建筑历史，我们都无法回避前述的基本设问，即〝人如何通过〝建造活动〞这一特殊行为来帮助实现其自身发展〞。这意味着建筑历史理论可能会试图收容建筑学领域所有科学技术层面，微观上分析如何保持建筑师的专业独立性，宏观上促进对建筑形式内涵与社会意义演变的专业思考。这种概念理论框架大致可分为实证性理论（Positive Theory）和规范性理论（Normative Theory）两种。⑧实证性理论重点在于澄清事物是什么，其特征可通过假设、史料论证的方式不断加以测试而得出结论，比如约瑟夫·雷克维特（Joseph Rykwert）和威廉·柯蒂斯（William J.R. Curtis）就属此类。⑨这种历史理论在于史料解读与相互推理，以便呈现典型建筑案例所属年代的技术、经济、文化等层面的限制和束缚，分析建筑案例的产生机制。另一方面，规范性理论在于总结事物（建筑）究竟为何如此，从诸多方面总结事物发展的规律和可能性。此类理论关乎视角与意见，所以无法直接被证实或证伪；但是这种历史的教授方式往往可以更为灵活，如果有较为清晰的框架支撑和丰富材料作为基础，可以让历史学习呈现出更多重维度的思考情境，而不再是枯燥乏味的事实陈述。在艺术史家布克哈特（Jacob Burckhardt）的眼中，（艺术）历史本身就应当是作为人类有能力反思自身存在的一种证明。⑩显然，这种证明无法完全凭借遗存本身而得以言说，需要依靠对这些素材的感受、思辨和心理表征。换句话说，就是要针对历史〝问题〞的线索进行思考，发现它，描述它，理解它，可能的话，宣传它。

为此，建筑历史理论教育会倾向于采用众多名师名作，用实证性或规范性理论框架来构建形制的描述体系。二者均需要从建筑物表象中抽象出要素，包括空间、形式、功能、结构、场所、体验、再现等，组建，将理论集合优化为〝概念〞的多重体系。无疑相当程度上，将这些元素词汇化、标签化，使得当今建筑历史理论学界纷繁复杂的知识来源和沿革差异，可以被凝练为可操作的知识点，而极大方便建筑师分析、对比与习得历史建造经验，有助于短期内高效地解决现下的实际问题。刘先觉先生在 2007 年第二届世界建筑史教学与研究国际研讨会上提出、后来发表在《南方建筑》的文章中便鲜明地写道，〝学习外国建筑史就像是学习基本词汇一样，只有掌握了足够的词汇，才能使作文丰富多彩，不致于文字干瘪的境界〞〝讲建筑史，概念是第一位的；概念不清，所有内容都无济于事⋯⋯〞⑪正因为概念如此重要，可以推进一步来说，每一位建筑师都应意识到，如果不经思索便轻易使用这把钥匙，乃至固步自封于现下语境的偏见中，会造成何种严重的影响。

2.2 阿德里安·福迪的词源学书写视角与参考价值

为避免这种局面出现，基于建筑历史〝概念〞的理论教学课程就显得异常重要。它与专题讲述〝主义〞等理论或评论性〝概念〞的课程有所不同，因为这种课程不限于历史资料的编纂，还关注这些信息究竟如何在历史沿革中被呈现出来，以及在此过程中出现的条件、困境和变迁。也正因如此，历史课程的目标应该是为建筑学学生回溯到一种〝语境〞，使他们能够切身感受到某种设计的具体过程，体验到某种设计突破背后的环境、时代要求、甲方压力或技术限制；所有这些方面都要求建筑历史学者也应该具有实践经验，如此就能与其他相关传统人文学科分离开来，比如历史学、考古学或者艺术史学。

基于这种多重维度、多元〝历史概念〞体系的建筑历史理论著述，无疑首推伦敦大学学院建筑理论教授阿德里安·福迪（Adrian Forty）所写的《词语与建筑：现代建筑的语汇》一书最为重要。福迪教授最开始是从语言之于时尚传达的角度出发，来阐述语言形式对于设计的意义；随后转而从学理上针对建筑师所持的两种最为重要的武器——语言与图绘——进行历史语境的探讨。这种分析的最大困难在于如何直接恢复出一种历史情境，即历史各时期关键概念在被使用时的具体意义。这个复原过程一旦被建立起来，可揭示出某些已被习惯使用的专词的意义迭代，验证前后意义被替换或深化的具体背景和原因。本文无意在此重复论述福迪教授所描述的"概念—图绘—建筑—体验—语言"体系及其各个环节在建筑历史理论领域中的体现，学界对于福迪所著这本词源学书籍的讨论，近十年也逐步拓展到建筑绘图等相关领域。⑫但是，笔者正是基于对这种概念脉络分析法的认同，在深圳大学建筑与城市规划学院近两年的建筑学研究生必修课程体系教学改革中，逐步开展关于建筑历史概念梳理与对比的理论课程架构建设。

3 现代建筑历史与理论、专业英语"二合一"课程案例浅析

3.1 新型教学逻辑下的概念设想

笔者在课堂上经常提到，如果说本科阶段学生都在不断吸收、适应和培养一种模式，即以专业术语作为视角和论述基础来解析方案设计理念的话，那么研究生阶段便是反思这种固化的阐释模式的最为有利的时机。这种固化的产生可以归因为：其一，每个关键概念的意义沿革都很复杂，所以只求掌握最晚近的理解；其二，因为不了解这种沿革而导致自行、自发式的添砖加瓦与含沙射影；其三，现有词典里的解释基本都是固化以后"既定事实"的通俗反映；其四，学生无法直接从任何现有书目中读出概念发展的可能。一个有趣的现象便是，若要求现阶段的研究生不得使用头脑中既定的、内容宽泛且似有固定解释套路的专词术语时，绝大多数同学都无法清晰地阐述自己的设计理念。原先被认定为"肯定正确""毫无疑问"的概念词汇和用语，如果每次在被调用出来时都被质疑，这种状态下所表达的设计逻辑就开始变得躁动不安起来，逐渐失去多年积累、原以为足够稳定的思考基础。这是一种对缺乏历史基础积累的理论概念过分执著的后遗症。有针对性地将这种压力释放出来，不仅会成为学生对自身若干年专业学习经验的反思，而且能提醒建筑学生（乃至教师）应时常保持理论上的怀疑状态，对于人云亦云或者当下流行的思潮保有足够的警惕和审视。

建筑系研究生历来需要面对的一个基本问题，便是建筑历史与理论的关键概念不清晰，照搬套用二手理论文献，从网络平台大量摘抄甚至杜撰历史概念体系的源头，并将之无针对性地投射到日常的设计讨论中。现代建筑历史与理论作为学院课程的重头戏，一直强调结合学界最新视野，突破固有思维束缚，让学生有机会直接"暴露"在纷杂的历史概念脉络中，有针对性地选择其中若干关键概念进行密集梳理，引导学生有选择性、有语境地使用这些关键词。该课程的框架一直在不断更新和优化，最新的更新要点在于将现代建筑历史与理论课与专业英语课结合起来，利用原

本"必须用英语交流"的初衷，直接采用英语类专业课历史理论书籍和讲述方法，使得学生尝试以第一人称视角回溯到概念产生的原始情境，以多重思考维度来辨析关键词语的流变。同时，要求学生直接阅读若干英文类书籍，并结合实际案例进行评论式、研讨式教学交流。如此，二合一课程可以打包，相互补充，结合总结的"Seminar–English–Reading–Discussion"（简称 SERD）教学模式，在现有课程具备的丰富历史理论资料的基础上，有目的地提取若干关键性建筑概念，展开专题性研讨和双语化阅读及演讲。

3.2 具体研究生课程实践

在这种新体系下，现代建筑历史与理论课逐渐形成以特定研究方向为对象的专题讲解，目前主要包括：现代建筑与现代美术——关于空间组织方法的研究，透视法与空间深度观念史——建筑再现理论及其影响，建筑与媒介——图像、知识及其再生产三个主题。这些专题研究均打破建筑理论教学的固有模式，不以年代和主义为参照标准，转而以建筑构成方法论、技术工具和传播方式为切入角度，将原本高度抽象的理论概念恢复到当时产生与发展的具体情境中，以各阶段所面临的条件、需求和困境作为解析出发点，而不盲目强调用这些概念来直接论述当下设计问题，后者往往是学习理论知识的一个误区。学生可以用一个学期的时间逐步理解和消化之前一知半解、囫囵吞枣的专有名词，在直接引述相关概念时变得谨慎，针对性变强。同时，原本普通枯燥的专业英语课，由单纯的词语传授（类似于按照字典，结合工程实践而照本宣科）的方式，转变为以建筑概念词汇为导向的研讨课程。在这门新命名为"建筑学概念精析"（Professional Investigation of Architectural Concepts）的课程中，我们直接使用福迪教授《词语与建筑》一书中的若干关键词汇，重新进行编排和结组，同时定期增补和拓展最新的学界热点的关键概念。到目前为止已针对五组、十个词进行历史语境梳理，包括：空间／建筑、形式／功能、城市／场所、历史／遗产、感知／再现等，未来计划补充自然／景观、消费／资本等。经笔者初步整理用于词汇描述的背景参考书将近百余本（见表2）。

在此过程中，学生被要求分组，结合一对关键词进行相关英语阅读，小组集中做一个实际案例调研，并采用所读书目中的观点（或反观点）做适度的建筑批评，集体做五分钟演讲、个人做三分钟演讲；之后由教师针对每个人的阅读提出问题，学生面对近百人的整个班级做当庭辩论，最后将辩论成果拓展结集为1500字的论文报告。因为描述体系皆以某特定词汇为出发点，所以学生无需通读所有书籍，只需提取书籍中若干页码

序号	作者	外语教材举类	中文教材或译本举类
1	Benevolo, Leonardo	Modern Architecture. Cambridge: The MIT Press, 1977.	邹德侬等译，天津科学技术出版社，1996
2	Castex, Jean	Renaissance, Baroque et Classicisme: Histoire de l'architecture,1420-1720, Paris, 1990.	
3	陈志华		外国建筑史，中国建筑工业出版社，2010
4	Cohen, Jean-Louis	The Future of Architecture Since 1968: A Worldwide History. London: Phaidon Press, 2016.	
5	Conway, Hazel & Rowan Roenisch	Understanding Architecture: An Introduction to Architecture and Architectural Theory. Routledge, 2005.	刘家瑞译，电子工业出版社，2015.
6	Crysler, Greig, et al.	The SAGE Handbook of Architectural Theory. London: SAGE Publications, 2012.	
7	Curtis, William J. R.	Modern Architecture Since 1900. London: Phaidon Press.	本书翻译委员会译，中国建筑工业出版社，2012
8	Evers, Bernd	Architectural theory from the Renaissance to the present. Los Angeles: Taschen.2002.	
9	Fleming, Hugh Honour John.	World History of Art. London: Laurence King, 2009.	吴介祯译，北京美术摄影出版社，2013
10	Fletcher, Banister	A History of Architecture on the Comparative Method for the Student, Craftsman and Amateur. Ed. Dan Cruickshank. London: Routledge, 1996.	郑时龄等译，知识产权出版社，2000
11	Forty, Adrian	Words and Buildings: a vocabulary of modern architecture. New York: Thames & Hudson, 2000	
12	Frampton, Kenneth	Modern Architecture: A Critical History, London, 1980	张钦楠等译，生活·读书·新知三联书店，2004
13	Ghirardo, Diane	Architecture After Modernism. London: Thames & Hudson, 1996.	青锋译，清华大学出版社，2012
14	Hale, Jonathan	Building Ideas: An Introduction to Architectural Theory. John Wiley & Sons, 2000.	方滨等译，中国建筑工业出版社，2015
15	Hays, Michael	Architecture theory since 1968. Cambridge: MIT Press, 1998	
16	Kostof, Spiro	A History of Architecture: Settings and Rituals. New York: Oxford University Press, 1995.	
17	Kruft, Hanno-Walter	A History of architectural theory from Vitruvius to the present. New York: Princeton Architectural Press, 1994	王贵祥译，中国建筑工业出版社，2005
18	Leach, Andrew	What is Architectural History, Cambridge: Polity, 2010.	
19	刘先觉		现代建筑理论，中国建筑工业出版社，2008
20	罗小未		外国建筑历史图说，同济大学出版社，2005
21	Mallgrave, Harry Francis	An Introduction to Architectural Theory: 1968 to the Present. Wiley-Blackwell, 2011.	
22	Mallgrave, Harry Francis	Mallgrave, Harry Francis. Architectural Theory: Volume I/II - An Anthology from 1871 to 2005. Wiley Blackwell, 2005/2008.	
23	Mallgrave, Harry Francis	Mallgrave, Harry Francis. Modern Architectural Theory: A Historical Survey 1673-1968. Cambridge: Cambridge University Press, 2009.	陈平译，北京大学出版社，2017
24	Nesbitt, Kate	ed. Theorizing a new agenda for architecture: an anthology of architectural theory, 1965-1995. New York: Princeton Architectural Press, 1996	
25	Nuttgens, Patrick	The Story of Architecture. London: Phaidon Press, 1997.	
26	Ockman, Joan	Architecture Culture 1943-1968. New York: Rizzoli, 1993.	
27		Pelican History of Art Series, New Havens: Yale University Press.	
28	Pevsner, Nikolaus	Pioneers of the Modern Movement from William Morris to Walter Gropius, Faber & Faber, 1936.	王申祜、王晓京译，中国建筑工业出版社，1987
29	Roth, Leland	Understanding Architecture: Its Elements, History, and Meaning.Westview Press, 1993.	
30	Sykes, A. Krista	ed. The Architecture Reader: Essential Writings from Vitruvius to the Present. George Braziller, 2007.	
31	Tafuri, Manfredo	Theories and History of Architecture, 1968.	郑时龄译，中国建筑工业出版社，2010
32	Tafuri, Manfredo	Tafuri, Manfredo. The Sphere and the Labyrinth: Avant-Gardes and Architecture from Piranesi to the 1970s. Trans. Pellegrino d' Acierno and Robert Connolly. Cambridge, MA: The MIT Press, 1987.	
33	Tafuri, Manfredo	Tafuri, Manfredo. Francesco Da Col, Modern Architecture.	刘先觉等译，中国建筑工业出版社，2000
34	同济大学,清华大学,东南大学,天津大学		合编，外国近现代建筑史，中国建筑工业出版社，2004
35	Tournikiotis, Panayotis	The Historiography of Modern Architecture. Cambridge: The MIT Press, 2001.	王贵祥译，清华大学出版社，2012
36	Watkin, David	History of Western Architecture. London: Laurence King Publishing, 2015.	
37	Wiebenson, Dora	Architectural Theory and Practice from Alberti to Ledoux.Architectural Publications Institute, 1982.	

主题词	关键词与关键信息	涉及参考书目
Architecture	ethos, firmness, commodity, and delight, scholasticism, humanism, primitive hut, signifier and signified, mathematics, tectonics, anthropology	1. Marcus Vitruvius Pollio, *De architectura* Book I, Chapter 1 - The Education of the Architect. 2. Erwin Panofsky, *Gothic Architecture and Scholasticism*. Meridian Books, 1957.（吴家琦译，东南大学出版社，2013） 3. Rudolf Wittkower, *Architectural Principles in the Age of Humanism*. John Wiley & Sons, 1998.（刘东洋译，中国建筑工业出版社，2016） 4. Marc-Antoine Laugier, *Essai sur l'architecture*, 1753. 5. Joseph Rykwert, *On Adams House in Paradise:The Idea of the Primitive Hut in Architectural History*. New York: Museum of Modern Art, 1972. 6. Colin Rowe, *The Mathematics of the Ideal Villa*. London and Cambridge: MIT Press, 1976. 7. Peter Eisenman, *Eisenman Inside Out. Selected Writings 1963-1988*, New Haven-London, Yale University Press 2004. 8. Kenneth Frampton. *Studies in Tectonic Culture: The Poetics of Construction in Nineteenth and Twentieth Century Architecture*. MIT Press, Cambridge, Mass., 1995.（王骏阳译，中国建筑工业出版社，2007） 9. Kenneth Frampton, *Modern Architecture: A Critical History* (World of Art), Thames & Hudson, London, 2007.（张钦楠译，生活·读书·新知三联书店，2012） 10. Gottfried Semper, *The Four Elements of Architecture and Other Writings* [Die vier Elemente der Baukunst], 1851. Trans. Harry F. Mallgrave and Wolfgang Herrmann, Cambridge, 1989.（罗德胤等译，中国建筑工业出版社，2016）
Space	geometry, Euclidean vs. Non-Euclidean, visibility, color, a priori, metaphysics, intuition, aesthetics, abstraction, empathy, time, modern productivity, mechanization, interplay, phenomenology	1. Alhazen, *Discourse on Place (Qawl fi al-Makan)*, 11th century 2. René Descartes, *La Géométrie, trans.* Michael Mahoney. New York:Dover, 1979 3. George Berkeley. *Towards a New Theory of Vision*. Dublin, 1709（关文运译，商务印书馆，1957） 4. Immanuel Kant, *Critique of Pure Reason*. Trans. Paul Guyer and Allen W. Wood. Cambridge University Press, 1999（邓晓芒译，人民出版社，2004） 5. Wilhelm Robert Worringer, *Abstraction and Empathy* (Abstraktion und Einfühlung), 1907. Chicago: Elephant Paperbacks, 1997（王才勇译，金城出版社，2010） 6. Sigfried Giedion, *Space, Time and Architecture:The Growth of a New Tradition*, 1941. Harvard University Press, 5th ed, 2003（王锦堂／孙全文译，华中科技大学出版社，2014） 7. Sigfried Giedion, *Mechanization Takes Command:A Contribution to Anonymous History*. Oxford University Press, 1948 8. Le Corbusier, *Vers une Architecture* (Towards an Architecture), Paris, 1923. Trans. John Goodman, Los Angeles: Getty Research Institute, 2007（陈志华译，陕西师范大学出版社，2004） 9. Bruno Zevi, *Architecture as Space: How to look at Architecture*. Horizon Press, New York 1957; Da Capo Press, New York 1993（张似赞译，中国建筑工业出版社，2006） 10. Gaston Bachelard, *La Poétique de l'Espace* (The Poetics of Space), Beacon Press, 1992（张逸婧译，上海译文出版社，2013） 11. Maurice Merleau-Ponty, *Phénoménologie de la perception* (Phenomenology of Perception), London: Routledge, 1965（姜志辉译，商务印书馆，2001）
Form	gestalt, sensation, substance, figure, pythagorean, Lineamenti, shape, structure, seeing, perception, taste, Zeitgeist, idealist, formalist, einfühlung, emotion, body, visual, psychology, morphology, human behaviour	1. Aristotle, Metaphysics. Oxford:Oxford University Press, 1999（苗力田译，中国人民大学出版社，2003） 2. Leon Battista Alberti, De Re Aedificatore. Trans. Joseph Rykwert, On the Art of Building in Ten Books, 1988（王贵祥译，中国建筑工业出版社，2010） 3. Eugene Viollet-le-Duc, Lectures, vol.1, 1860 4. Immanuel Kant, Critique of Judgment, 1790. Trans. J. H. Bernard. Dover Publisher, 2005（牟宗三译，西北大学，2008） 5. Georg W. F. Hegel, The Phenomenology of Mind. 1807. Trans. J. B. Baillie, Dover Publisher, 2003（王诚／曾琼译，江西教育出版社，2014） 6. Robert Vischer, On the Optical Sense of Form:A Contribution to Aesthetics, 1873. Trans. Harry Francis Mallgrave and Eleftherios Ikonomou. Santa Monica, CA:Getty Center for the History of Art and the Humanities, University of Chicago Press, 1994 7. Heinrich Wölfflin, Prolegomena to a Psychology of Architecture, 1886. KeepAhead Press, 2016 8. Rudolf Arnheim, Art and Visual Perception:A Psychology of the Creative Eye, 1954. Berkeley:University of California Press, 1974（滕守尧／朱疆源译，中国社会科学出版社，1984） 9. Bill Hillier, Space is the Machine, Cambridge University Press, 1996（杨滔译，中国建筑工业出版社，2008）
Function	mathematics, variable, tectonics, convenance, biology, environment, mechanical force, disuse, adaptation, mason-work, Jorganic, milieu, panopticon, utilitarian, functionalism, purposive form (zweckgesinnung), Bauhaus, stylistic, behavior	1. Jacques-François Blondel, *Architecture Françoise*, 1752 2. Carlo Lodoli, *Apologhi immaginati*, 1787 3. Viollet-le-Duc, *Lectures*, vol.2 4. Louis Sullivan, *The Tall Office Building Artistically Considered*, 1896. Lippincott's Magazine 57. pp 403-09 5. Louis Sullivan, *A System of Architectural Ornament according with a Philosophy of Man's Powers*, New York, 1924. Prairie Press, 1961. 6. Jeremy Bentham. *The Works. Panopticon, Constitution, Colonies, Codification*. Liberty Fund. 7. Michel Foucault, *Discipline and Punish:The Birth of the Prison*. New York: Vintage Books, 1995（刘北成／杨远婴译，生活·读书·新知三联书店，2003） 8. Paul Frankl, *Principles of Architectural History*, 1914. MIT Press, 1973. 9. Mies van der Rohe, *Building Art and the Will of the Epoch*, 1924 10. Fritz Neumeyer, *The Artless Word:Mies van der Rohe on the Art of Building*, trans. M. Jarzombeck, MIT Press, 1991 11. Henry-Russell Hitchcock and Philip Johnson, *The International Style:Architecture since 1932*, MOMA Exhibition

主题词	关键词与关键信息	涉及参考书目
Site	Historic Places, topos, Dasein, being-in-the-world, engagement, Genius Loci, Neo-Rationalism, collective memory, monument, context, environmental setting, historical continuum, ambiente, dialectical, contextualism	1. Aristotle, *Physics* Book IV（张竹明译，商务印书馆，2006） 2. Martin Heidegger, *Building Dwelling Thinking*, trans. Albert Hofstadter, New York:Harper Colophon Books, 1971 3. Christian Norberg-Schulz, *Genius Loci, Towards a Phenomenology of Architecture*, New York:Rizzoli, 1980（施植明译，田园城市文化事业有限公司，1995） 4. Aldo Rossi, *The Architecture of the City*, Oppositions Books. MIT Press, 1984（黄士钧译，中国建筑工业出版社，2006） 5. Vittorio Gregotti, *Il Territorio dell'Architettura*, Universale economica. Feltrinelli, 2014 6. Ernesto Rogers, *Casabella Continuita*, 1950s 7. Christopher Alexander, *Notes on the Synthesis of Form*, Harvard University Press, 1964 8. Colin Rowe and Fred Koetter, *Collage City*, MIT Press, 1984.（童明译，中国建筑工业出版社，2003） 9. Michael Sorkin, *Another Low-tech Spectacular*. The Architectural Review, Jan 1985, 38-43
Urban	population density, infrastructure, urbanism vs. urban planning, place-making, identity, political, security, public square, community, outdoor, human scale, spiritual values, internal order, modern technology, cultural studies, social artifact, clusters, social hierarchy, institution, Rockefeller, mixed-use, neighborhoods, inequality, capitalism, civic innovation, anarchist, state bureaucracies, economy, agencies	1. Camillo Sitte, *The Art of Building Cities:City Building According to its Artistic Fundamentals*, 1889（仲德等译，东南大学出版社，1990） 2. Lewis Mumford. *The City in History*. San Diego:Harcourt, 19（倪文彦译，中国建筑工业出版社，1989） 3. Spiro Kostof, *A History of Architecture*. Oxford University Press, 1985 4. Spiro Kostof, *City Shaped:Urban Patterns and Meanings Through History*, Hong Kong, 1991（邓东译，中国建筑工业出版社，2008） 5. Jane Jacobs, *Death and Life of Great American Cities*. New York: Random House, 1993（吴郑重译，联经出版事业股份有限公司，2007） 6. Kevin Lynch, *The Image of the City*. MIT Press, 1960（胡家璇译，远流，2014） 7. David Harvey, *Social Justice and the City*, University of Georgia Press, 2009 8. Peter Hall, *Cities of Tomorrow:An Intellectual History of Urban Planning and Design in the Twentieth Century*. Oxford: Blackwell Publishing. Reprinted 1988（童明译，同济大学出版社，2009） 9. Peter Hall, *Good Cities, Better Lives:How Europe Discovered the Lost Art of Urbanism*. London: Routledge, 2013（袁媛译，江苏教育出版社，2015）
Perception	vision, geometry, diagram, extramission, intromission, visual cone, perspective, geometrical theory, visual information, psychology, physiology, visual field, reflected vision, skenographia, Brunelleschi, projection, visual pyramid, costruzione legittima	1. Empedocles. From:Aristotle, *Parva naturalia* (On the Senses and their Objects). Oxford University Press, 2000 2. Plato, *Timaeus and Critias*. Trans. Andrew Gregory and Robin Waterfield. Oxford University Press, 2009 3. Euclid, *Opera Omnia*, 300 BC. In *The Optics of Euclid*, trans. Harvey Edwin Burton. Journal of the Optical Society of America, vol.35, no.5, 1943 4. Ptolemy, *Optics*. In Mark A. Smith, ed. *Ptolemy's Theory of Visual Perception— An English translation of the Optics*. The American Philosophical Society, 1996 5. Alhazen, *Book of Optics*, 965-1040. In A. I. Sabra, ed. *The Optics of Ibn al-Haytham. Edition of the Arabic Text of Books IV–V:On Reflection and Images Seen by Reflection*. 2 vols, Kuwait:The National Council for Culture, Arts and Letters. 6. Roger Bacon, *Opus Maius*, Part V: Optics, 1219-1292 7. Leon Battista Alberti, *De Pictura*, 1435. On Painting. Trans. John Spencer, Yale University Press, 1966. 8. Piero della Francesca, *De Prospectiva Pingendi*, 1470s 9. Erwin Panofsky, *Perspective as Symbolic Form*, Zone Books, 1996（台北市：远流出版事业股份有限公司，1996） 10. Hubert Damisch, *The Origin of Perspective*, MIT Press, 1995 11. Karsten Harries, *Infinity and Perspective*, MIT Press, 2002（张卜天译，湖南科学技术出版社，2014）
Represen-tation	projective geometry, Desargues, infinity, vanishing point, horizontal plane, descriptive geometry, orthographic, abstraction, axonometric, isometric, elevation, section, Bauhaus, De Stijl, abstract machines, diagram, kitchen, operational process, bubble diagram, routing diagram, generative device, aesthetic qualities	1. Alberto Pérez-Gómez, *Architectural Representation and the Perspective Hinge*, MIT Press, 2000 2. Girard Desargues, *De l'imprimerie de Pierre Des-hayes* 1648. Vol.1. 3. Gaspard Monge, *Géométrie descriptive. Leçons données aux écoles normales*, 1799 4. Jean-Nicolas-Louis Durand, *Précis des leçons d'architecture données à l'École royale polytechnique*, 1809 5. Jeroen Goudeau, *The Matrix Regained:Reflections on the Use of the Grid in the Architectural Theories of Nicolaus Goldmann and Jean-Nicolas-Louis Durand*. Architectural Histories. 6. William Farish, On Isometrical Perspective. In: *Cambridge Philosophical Transactions*. 1822 7. Auguste Choisy, *Histoire de l'architecture*. 1899. Bibliotheque de l'Image, 1999 8. Sanford Kwinter, "The Hammer and the Song," in *OASE*, 1998, no.48 9. Michael Anderson, *Introduction to Diagrammatic Reasoning*, 1997. Springer, 2001 10. Banister Fletcher, *Sir Banister Fletcher's Global History of Architecture*, 1896. Bloomsbury, 2019 11. Christine Frederick, *The New Housekeeping:Efficiency Studies In Home Management*. Doubelday Page, Garden City, N.Y., 1917 12. Mary Pattison, *Principles of Domestic Engineering:Or, the What, Whay and How of a Home*, 1915 13. Anthony Vidler, *What is a Diagram Anyway?* In Silvio Cassara, Peter Eisenman:Feint. Skira, 2006 14. Peter Eisenman, *Diagram Diaries*, Thames and Hudson, London, 1999（陈欣欣 / 何捷译，中国建筑工业出版社，2005） 15. Mark Garcia, *The Diagram of Architecture*, AD Reader, Wiley, 2010

主题词	关键词与关键信息	涉及参考书目
History	nineteenth-century science, modernism, historical evidence, accumulation of knowledge, historical architecture, human consciousness, Manifesto, CIAM, Bauhaus, Walter Gropius, Fascism, Il Teatro del Mondo, permanence, collective memory, tradition	1. Hegel, *Aesthetics*. Trans. T. M. Knox, 2 vols, Oxford University Press, 1975 (朱光潜译，商务印书馆，1997) 2. Jacob Burckhardt, *Reflections on History 1868-71*, trans. M. D. H. G. Allen and Unwin, London, 1943 (顾晓鸣 / 施忠连译，桂冠，1992) 3. Viollet-le-Duc, *Dictionnaire raisonne de l'architecture francasise* (10 vols, 1854-1868); selected entries in The Foundations of Architecture, trans. K. D. Whitehead, George Brazilier, New York, 1990 4. William Morris, *Lecture on Gothic Architecture*, 1889, in *William Morris Stories in Prose, Stories in Verse, Shorter Poem, Lectures and Essays*, ed. G. D. H. Cole, Nonesuch Press, London, 1948 5. Friedrich Nietzsche, *The Birth of Tragedy*, 1872, trans. W. Kaufmann, Vintage Books, New York, 1967 (周国平译，广西师范大学出版社，2002) 6. Nikolaus Pevsner, *Modern Architecture and the Historian or the Return of Historicism*. RIBA Journal, vol. 68, no.6, April 1961 7. Nikolaus Pevsner, *Pioneers of the Modern Moment*, London: Faber, 1936 8. Ernesto Rogers, *Continuità, in Casabella Continuità*, no.199, Jan 1954 9. Aldo Rossi, *The Architecture of the City*, 1966, trans. D. Ghirardo and J. Ockman, MIT Press, Cambridge and London, 1982 (黄士钧译，中国建筑工业出版社，2006) 10. Maurice Halbwachs, *On Collective Memory*, The University of Chicago Press, 1992 (毕然 / 郭金华译，上海人民出版社，2002) 11. Robert Venturi, Complexity and Contradiction in Architecture. London:Architectural Press, 1977 (周卜颐译，中国建筑工业出版社，1991)
Heritage	Exposition universelle, historical monuments, preservation, conservation, maintenance, repair, minor restoration, rehabilitation, renovation, addition, reconstruction, patrimoine, UNESCO, architectural memory, mnemonics, manual, historic-value, agevalue, symbolic, sensory perception, archaeological analysis, aesthetic significance, formal qualities, present-day values	1. J. E. Findling, ed. *Historical Dictionary of World's Fairs and Expositions, 1851-1988*. New York, London, 1990 2. The Venice Charter, The Second International Congress of Architects and Technicians of Historic Monuments, 1964. 3. 常青，对建筑遗产基本问题的认知 Reflection on the Fundamental Category of Heritage Architecture. 建筑遗产，2016.01 4. Dictionnaire historique de la langue francaise, 2 vols. Paris, 1994 5. Robert Fludd, *Theatrum Orbi*, in *Ars Memoriae*, Cap. X, 1619 6. Johann Joachin Winckelmann, *Geschichte der Kunst des Alterthums* 1764 (History of Ancient Art). New York:F. Ungar Publisher 7. John Ruskin, The Lamp of Memory, The sixth in the Seven Lamps of Architecture, 1849. Dover, 1989. (刘涵译，中国对外翻译出版有限公司，2013) 8. Alois Riegl, "The Modern Cult of Monuments:Its Essence and Its Development," From *Der moderne Denkmalkultus:Sein Wesen und seine Entstehung* (Vienna:W. Braumuller, 1903). Translated by Karin Bruckner with Karen Williams. 9. Erwin Panofsky, *The History of Art as a Humanistic Discipline*. In Meaning in the Visual Arts. (傅志强译，辽宁人民出版社，1987) 10. Garden City, N.Y.: Doubleday & Company Inc., 1955

其他主题词：Landscape/Nature/Consump-tion/Capital

或章节，相互进行概念比对即达到教学目的。此外，基于世界范围内多重维度、多元文化建立相对整体的历史与理论框架，通过推荐阅读、案例调研与组别答辩、点评的形式，推动学生的批判与思辨能力，也是该"二合一"课程的主要教学目标。经过两年多的教学尝试和实际执行经验总结，这种课程不但有利于提高学生专业历史理论水平，同时也因其双语化教学模式的介入，让学生有机会充分暴露在自己知识体系的舒适区之外，形成内容涵盖更广、阅读种类更多、理论结合实践能力要求更高的知识维度。

4　关于批判性建筑观念史教育的灵光

回到福迪教授撰写《词语与建筑》一书的源头，他开篇所提出的第一个问题就是：当人们在谈论建筑之时，究竟发生了什么？[13] 即便我们自始至终都在凭借语言来形容、描述和争辩建筑的种种，却在相当长的一段时期里认定建筑"不可言说"的那部分就是所谓创造力的源泉；我们强调建筑系学生要学会在"字里行间"中阅读和传达形式与空间的表意，却又很少为他们划定出来可用之字与可用之词的具体标准。一方面担心若把建筑历史的内核以"僵硬"的概念集合形式梳理出来，会失去其美妙的灵光，如同本雅明惆怅于机械复制时代的艺术品；另一方面却又忽略这片灵光其实来源于艺术女神飘然降落人间时、随微风浮动的裙摆。

要掌握这裙摆漫漫落下的感觉，就必须更为敏锐、鞭辟入里地解读建筑历史与理论的关键概念，恢复出女神姿态的信息、蕴藏的情感和她魂牵梦绕的情人，而不拘泥于一张相片与古典肖像画之间的历史博弈。

　　以辨析关键理论概念及其沿革为导向的建筑历史与理论课程，可以至少阶段性实现以下几个目标：①重新审视现有建筑理论体系中的"既定事实"，打破有关设计理念的僵化阐释的模式、偏见和执着；②培养学生意识到专业概念词汇本身的时代局限，并能有意识地将其意义的历史变迁结合自身经验，重新阐释并发展现有概念的应用前景；③在此基础上学生可做出自己的判断和预测，使得建筑历史与理论知识尝试与当下实践发生潜在关联，却又保持适当的距离，不急于直接指导和评判实践。建筑历史与理论应当发挥出属于每个人自身的灵光，在面对作为问题形式而存在的建筑环境历史及其意义的命题时，既不是简单的史料陈述与鉴别，亦非戴着有色眼镜去编排材料而反映个人之喜恶。建筑历史长河之广，"弱水三千只取一瓢饮"般的选择固然珍贵，理论学习这一瓢如何取来便越发见诸功力，否则落得八百流沙界，酷炫有余也无丝毫裨益。

注释：

① *Anthony Vidler, Histories of the Immediate Present, Cambridge: The MIT Press*，2008. 维德勒认为，这种目的先行的"执行式"史学研究和书写，实际上体现了彼时建筑批评界无视或无法承担督促当今大众彻底了解社会和政治责任之角色。参见此书导言部分。

② Mario Carpo，*Opinion, We Can't Go on Teaching the Same History of Architecture as Before*，2018.11. website：https：//www.metropolismag.com/architecture/arch(itectural-history-pedagogy-opinion/。

③ *Mark Jarzombek, The Disciplinary Dislocations of (Architectural)History. Journal of the Society of Architectural Historians*，1999，vol.58，no.3，页 488-493。

④ Jarzombek，页 491。

⑤ 比如，功能（性）、实用（性）、可达（性）、叙事（性）、体验（性）、尺度（化）、（后）工业、（后）批评等。

⑥ *Stanford Anderson, Architectural History in Schools of Architecture. Journal of the Society of Architectural Historians*，Vol.58，No.3（Sep，1999），页 282-290，尤其是页 282。

⑦ 柯林·伍德，历史的观念 1926-1928（*Robin George Collingwood The Idea of History with Lectures* 1926-1928），北京大学出版社，2010，页 10-18。在导论中，柯林·伍德精确地阐述了历史学与历史哲学产生的背景、内涵、特征及其价值。

⑧ *Urša Komac，Why do architectural schools bother to teach theory? Arquitectonics. International Conference Arquitectonics Network：Architecture，Education and Society*，Barcelona，4-6 June 2014，Final papers. Barcelona：GIRAS. Universitat Politècnica de Catalunya，2014. URI：http：//hdl.handle.net/2117/114781。

⑨ 同济大学王骏阳教授认为，柯蒂斯对于现代建筑历史的阐述具有一种独特的视角与处理方法，就是对具体问题和事物保有超越以往建筑史著述的关注程度，而有意忽略掉"主义"的影响；而这种视角使得一成不变的"问题"变得多元而鲜活起来，反倒有自说自话、各自为政的"相对主义"风险。柯蒂斯通过大量的建筑案例实证研究，试图从多重方面分析建筑案例的生成背景线索。参见：王骏阳. 从主线历史走向多元历史：威廉·柯蒂斯《20 世纪世界建筑史》书评 [J]. 建筑学报，2012.10，页 1-4。

⑩ Jacob Burckhardt，*Reflections on History*（1868-1871）. London：Allen and Unwin，1943，页 72。

⑪ 刘先觉. 外国建筑史教学之道：跨文化教学与研究的思考 [J]. 南方建筑，2008.1，页 28-29。

⑫ [英] 马克·卡森斯，陈薇，建筑研究（01 词语建筑物图）[M]. 北京：中国建筑工业出版社，2011. 针对福迪的概念词源学研究，国内始自 2010 年在南京和上海所开展的当代建筑理论论坛，而后集结成此书。历史概念的"误译"不仅近来为建筑学界所认识，相关领域如艺术史学界也有类似声音和相关学术活动，比如 2016 年在北京召开的世界艺术史学大会（Comité International d'Histoire de l'Art，简称 CIHA），就以"概念：不同历史和不同文化中的艺术和艺术史"为题，着重探讨了既定的史学概念在全球多元文化语境下被通用的合法性。

⑬ Adrian Forty，*Words and Buildings*. London：Thames & Hudson，2016，页 11。

参考文献：

[1] James Fergusson. *An Historical Inquiry into the True Principles of Beauty in Art, More Especially with Reference to Architecture*[M]. London：Longman，Brown，Green and Longmans，1849.

[2] Banister Fletcher. *Sir Banister Fletcher's A History of Architecture on the Comparative Method for the Student, Craftsman and Amateur*[M]. Dan Cruickshank 编. London：Routledge，1996.

图片来源：

表 1 近年来普遍使用的建筑历史与理论通论类文献举类 来源：作者自拟
表 2 建筑概念精析课程框架、主题词与参考文献 来源：作者自拟

作者：肖靖，深圳大学建筑与城市规划学院助理教授，深圳大学建筑历史与遗产保护中心；饶小军，深圳大学建筑与城市规划学院教授，深圳大学建筑历史与遗产保护中心；顾蓓蓓，深圳大学建筑与城市规划学院讲师，深圳大学建筑历史与遗产保护中心

欧洲石建筑的结构史

王发堂

Structural History of European Stone Architecture

■ 摘要：本文主要考察欧洲石结构技术发展史。古希腊采用了木形式的石结构之建筑，古罗马采用适合石结构的拱券和穹隆结构。筒形拱为了侧向光线或侧向空间与平衡侧推力而发展出交叉拱和十字交叉拱。十字交叉拱因施工复杂和技术复杂而改进发展出哥特建筑的肋拱结构，欧洲石结构建筑在形式与结构高度配合达到第一次高潮。文艺复兴建筑恢复几乎被中世纪遗忘的古典风格，并把肋拱结构用于穹隆的制作，从建筑学层面彰显石结构建筑传统美。

■ 关键词：欧洲　石结构　筒形拱　交叉拱　肋拱结构

Abstract：This paper investigates on the structural history of European stone architecture. The ancient Greek built the buildings in wood's form by stones. The ancient Rome develops arches and vaults of stone architecture. In order to acquire side light and side space and resist side pushing force on barrel vaults，the ancient Rome created intersecting and cross vaults. Because of the complex construction of cross vaults，the Gothic architecture develops Rib Vaults and European stone structure met the first climax on Religious art. The Renaissance revived the classical architecture forgotten in the middle ages，and the rib vaults was used for the production of the great dome and Western stone architecture stepped the second climax on architectural art.

Keywords：European，stone architecture，barrel vaults，intersecting vaults，rib vaults

　　对于建筑史的写作，一般流行书写方式是建筑风格的演变史。对于欧洲传统建筑历史的介绍，大多数专著或教材，都是以时间为经线，风格演变为纬线来进行介绍。所有建筑人都耳熟能详的陈志华教授主编的《外国建筑史（19世纪末之前）》就是典型的例子。国外的建筑通史，大多以时间为经线，不同地域和风格双重叠加为纬线来进行介绍，如英国建筑学者弗莱彻（Sir Banister F. Fletcher，1866—1953）的《基于比较方法的建筑史》，美国学者特拉亨伯格（Marvin Trachtenberg，1939—），海曼（Isabelle Hyman）的《西方建筑史：从远古到后现代》和英国学者沃特金（David Watkin，1941—）的《西方建筑史》等[①]。从某种意义上讲，大多建筑通史就是西方建筑风格的演化史。

但是，在建筑演变的长河中，历史首先是一部人类对材料认识不断加深，以及与之相关的建造技术绵延推进的漫长过程。人类历史上先后出现不同材质建构的建筑，常见有木结构建筑、石结构建筑、钢筋混凝土结构建筑和钢结构建筑等[②]。在上述对材料认识和技术不断改进的基础上，形成不同民族、国家（或地域）建筑文化风格的演化史。显然，没有建筑技术等作为支撑，任何建筑风格将成为无本之木和无源之水。

本文主要讨论欧洲（或者西方）石结构建筑内在逻辑发展史。岩石材质的力学特性是石结构建筑内在发展的逻辑生长点。一般而言，建筑上（岩）石材质在力学性能上表现为抗压性能好、抗拉和抗弯性能差。抗弯强度相当于抗压强度的1/9—1/10，而抗拉强度又是抗弯强度的1/2左右（如表1）。如何发挥石材质的受压性能而巧妙回避受弯和受拉性能来获取大空间，是石结构建筑的核心所在。欧洲传统建筑发展史，就是一部对石头材质性能和石结构不断深化了解的过程，一部不断克服石结构弱点并且发挥其长处的历史。对于石材质而言，由于石横梁自身的重量和必要的厚度，跨度超过15英尺（约4.15m）是非常罕见，而超出20英尺（约6.10m）几乎不可能。古罗马的建筑师懂得避免石材受弯性能的短板，把建筑受弯尽量转化成受压，进而产生拱券和穹隆等结构。而拱券和穹隆带来侧向推力的新问题，成为其后欧洲建筑师为之奋斗两千多年的焦点。

其实从建筑材料与建造技术层面的讨论，可以触摸到前辈建筑大师激情的豪迈和挫败的悲壮，或者说是一部人类征战大自然的缩版奋斗史。欧洲石建筑技术是从地中海的古希腊滥觞，到古罗马时期产生一个质的突破，掌握了石建筑的结构

秘密。之后，中世纪在欧洲大陆发展哥特建筑，在技术层面上充分体现了建筑结构与宗教主题的高度统一。到了文艺复兴时期，又回转到地中海（意大利），由文艺复兴时期的建筑巨匠们在人文层面把建筑美学与建筑技术高度统一起来了。

1. 古希腊建筑的梁柱结构

在公元前800年左右的古希腊，城邦的神庙用晒干的土块做围护结构，木料（柱子和横梁）作为主要支撑结构，茅草覆盖斜屋顶。在公元前7世纪的科林斯，出现了赤陶屋顶瓦。大约在公元前6世纪，埃及建筑技术传入古希腊，之后，希腊的木质结构被坚固和厚重的石质建筑缓慢更新，最终被取代。

古希腊时期，早期用石柱取代木柱的过程，积累了对石材质的制作、性能和施工技术等方面的经验。但是，从建造技术上来讲，古希腊时期的建筑处于一种原始的非科学状态，换言之，古希腊建筑采用了木材质的建筑形式（即梁柱结构），使用的却是石结构的材质，这样产生了材质与形式（即内容与形式）的错位。这种错位产生的结果是，古希腊建筑失去了木结构建筑的轻快，背离了石结构的宏伟，却无意中收获了错位的庄重与肃穆（图1）。这种看似偶然的收获，在某种意义上来说，却又是一种内在的必然。

众所周知，古希腊的雕塑取得了非凡的艺术成就，黑格尔（Georg W. F. Hegel，1770—1831）把古希腊雕塑当作古典型艺术的杰出代表。雕塑上的成就迁移到建筑上也成为一种必然。温克尔曼（John Winkelmann，1717—1768）认为绘画与雕刻的成熟必然早于建筑，因为后者过于抽象。前两者可以通过模仿（imitation）找到法则，后者则必须通过不断的尝试（trials）才能找到规律。建筑没有找到本真建造方式的情况下，因与雕塑有着相同的材料即石材质，而拥有共同的创作者。因此，很多建筑师本身就是雕刻家出身，或者同时具有双重身份。因此，古希腊雕塑的很多评判

岩石力学性能 表1

Commercial name （品牌）	Country of origin （产地）	Rock type （岩石类型）	Compressive strength(MPa) （抗压性能）	Flexural strength(MPa) （抗弯性能）	Tensile strength(MPa) （抗拉性能）
Ben Tak White	Thailand 泰国	Granite 花岗岩	183.7 (14.0)	19.7 (19.7)	10.6 (14.4)
Kösseine	Germany 德国	Granite 花岗岩	195.0 (2.6)	20.1 (20.3)	11.9 (12.7)
Antrona	Italy 意大利	Granite 花岗岩	208.0 (6.5)		12.4 (20.3)
Rojo Dragon	Argentina 阿根廷	Granite 花岗岩	194.4 (1.3)	13.3 (13.3)	6.5 (10.8)
Padang	China 中国	Granodiorite 花岗闪长岩	222.0 (6.5)	21.0 (11.9)	12.8 (8.9)
Ben Tak Blue	Thailand 泰国	Quartz-monzonite 石英二长岩	174.5 (4.0)	28.3 (15.0)	13.8 (14.9)
Salmon Red	Uruguay 乌拉圭	Syenite 正长岩		14.38 (13.36)	8.9 (3.5)
Nero Absoluto	Uruguay 乌拉圭	Dolerite 玄武岩	358.1 (2.9)	49.72 (16.4)	17.87 (15.7)
Anzola	Italy 意大利	Gabbro 辉长岩	208.0 (16.1)	14.9 (43.1)	9.6 (27.6)
Nero Impala	South Africa 南非	Gabbro-norite 辉长苏长岩	235.0 (14.5)	17.1 (5.9)	10.7 (8.0)

图1 海神尼普顿神庙 (Temples of Neptune, 5世纪)

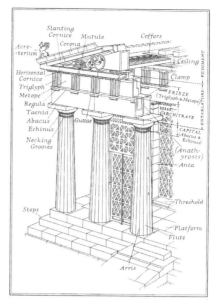

图2 古希腊建筑梁柱结构

标准，挪用到建筑上，也不觉得突兀。海德格尔 (Martin Heidegger, 1889–1976) 在《艺术作品的本源》中就是把古希腊神庙当作雕塑来鉴赏的。

古希腊建筑把石头材质和木结构形式揉为一体，虽然如此，古希腊建筑柱距并不完全受制于石材质本身的抗弯性能，额枋（或称石质横梁，architrave 或 epistyle）的跨度（或者说柱间距）是根据柱式的类型和神庙的整体比例来定夺，控制标准是视觉上的尺度[6][7]（图2）。当然，如果柱间距过大可能会导致其底部开裂，但是古希腊建筑师无意去挖掘石材的潜能，而是在意视觉感受，如同雕塑一样。石柱柱径主要受制于自身视觉上感受和其与神庙体量的关联性。

古希腊建筑在结构或者科学上，按照"材尽其能"的经济原则来看，石柱受压极限强度远高于其所承受荷载，额枋抗弯能力远远未被充分利用，从某种意义上来讲，是非常不经济、不合理的，乃至于被认为"结构上的幼稚"。但是，在建筑艺术上，古希腊建筑因其密集的柱式和厚重的额枋等，获得雕塑般厚重的美学性能。古希腊建筑杰出的艺术成就表明，结构或科学上真或假，与美学上的美与丑并无必然的关联性[③]。

古希腊建筑（梁架结构）在（木）形式和（石）材质之间的错位，使其背负沉重的伦理责难，被认为是"不真诚"的建筑。摆在后人面前，到底什么样的形式适合石建筑，什么样的技术才能发挥石材质潜能，是古罗马建筑师必须面对的新问题。

2. 古罗马建筑的拱券结构

路易斯·康 (Louis I. Kahn, 1901–1974) 问"砖，你想成为什么？"，就是用特殊方式说出砖（或石）结构的本真形式。石结构建筑，其最为本真的结构是拱券和穹隆。拱券最为精巧的是神奇地把建筑的上部荷载大部分都转化为拱券石材之间的压力，另外一部分则转化为拱券底部的水平推力。也就是说，古罗马建筑师成功地避开了石块的受弯和受拉性能不足的缺点，但却带来了一个新的问题——水平向侧推力。

原始的拱券结构，埃及人和美索不达米亚人都曾使用过，古希腊人也曾经尝试过拱形结构。拱券结构难以推广的首要因素，是（梯形）拱石制作和拱石精确砌筑的难度（只要看看施工临时支撑结构的复杂性，图3）；其次是水平推力。一般而言，古希腊建筑是由受弯的石梁和受压的柱式组成的梁柱结构体，而古罗马建筑则转变为拱券与墙体组合的拱券结构体，古希腊的柱式失去其原来的结构构件功能，演变成一种装饰系统。

拱券结构最为简单的结构就是筒形拱 (Barrel Vault)，（其下面）能够获得长条形的空间，但存在着两个不足：一是筒形拱的两侧需要厚重的墙体来抵御拱券底部水平侧推力；其次，就是侧向长边开窗（获取侧向光线）或者加设横向通道（获取侧向空间）的问题，如果直接开窗或加门或洞口，显然洞口上部的拱顶必然容易垮塌。侧向开洞口最初是在两侧边加建筒形拱以顶住拱券底部的水平推力，最后发展出交叉拱 (Intersecting Vault or Intersection) 和十字交叉拱 (Cross Vault)。由十字交叉拱发展出连续拱券，形成楼面或屋面连续的拱券结构体系（图4）。穹隆（或称穹顶）分两种：一种纯粹半球形的穹隆 (Dome)；另外一种是回廊穹隆 (Cloister Vault)，其实就是十字交叉拱，常用于中世纪教堂。

拱券结构体系作为石结构的基础结构形式，通过拱券（最初是筒形拱，后来连续十字交叉拱）来获取长廊空间或者用穹隆或十字交叉拱获取圆形或方形集中空间。与古希腊建筑强调建筑雕塑感不同的是，古罗马建筑解放了室内空间，如同吉迪恩 (Siegfried Giedion, 1888–1968) 在《空间·时间·建筑》中所论证

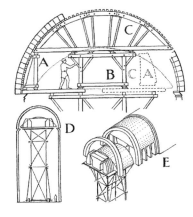
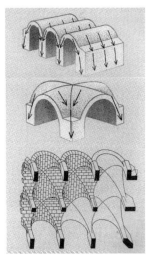

图 3　筒拱施工示意图（左）
图 4　筒拱、十字拱、连续十字拱
（自上至下）（右）

图 5　戴克里先浴室（the Baths of Diocletian，
公元 298–306）

的那样。古希腊的内部空间长方形通过三角形木桁架获取，进而受制于桁架的跨度。古罗马的拱券结构体系释放了石材质的内在潜能，营造出宏伟壮观的内部空间（图 5）。

　　古罗马建筑在欧洲传统建筑历史上，是一个开创先河的伟大时代，它把欧洲建筑的结构从古希腊的错位中带向了康庄大道，并取得了巨大的成就。但是在现实中吊诡的是古罗马建筑解决了石结构的本真形式即拱券问题，但是拱券所引发的问题并不比它所解决的问题少。这里存在着两个问题：由拱券结构体系所牵引出的水平推力和穹隆的圆形与实用的方形平面的冲突问题，其难度绝不亚于对拱券结构体系本身的探索。

3. 拜占庭建筑的帆拱结构

　　公元 330 年，罗马皇帝君士坦丁大帝在拜占庭建设了政治与宗教的新首都，不料这一决策却成为罗马帝国分裂成东西两部分的重大历史事件的引线。加深这种裂痕的是语言的分化，东罗马说的是希腊语，而西罗马用的是拉丁语 [10]。

　　早期基督教徒采用了巴西利卡的形式作为教堂主要模式，木桁架和十字交叉连续拱是这种教堂模式的主要方式。而在东罗马帝国却发展了集中式布局方式，这种集中式布局出现并非完全源自于东正教的特殊礼拜仪式，而是出自于把穹隆的饱满象征为神的化身的精神需求 [11]。

　　对于穹隆的结构，摆在建筑师前面是两个层面的困难：一是圆形的平面，这要求其下部支撑结构体系做成相应的圆形，就如罗马万神庙那样；二是穹隆底部的水平侧推力的问题，当穹隆半径越大时，侧推力也就越大。

　　当建筑师们发现穹隆蕴含着巨大美学与宗教价值并为之倾倒时，很快就发现穹隆圆形平面与通常实用方形或矩形平面，存在着衔接上的困难。当把一个穹隆的半球体扣在与之相切的正方体上时，四角上出现了缺口。起初，建筑师在四个角的缺口上发券，形成抹角拱（Squinch），初步解决了方圆衔接的问题。这存在两个方面的问题：首先，在外部体量上，立方体与半球体之间的过渡过于突兀；其次，半球体水平推力还没有得到缓和，当穹隆升得越高时，水平推力的解决更加困难。如此就有必要在穹隆与作为基座的正方体之间加设一定结构来完成这种过渡，这种结构就是帆拱（Pendentive Dome）：就是在一个方形平面上，扣上半径为方形对角线一半的半球体，超出方形范围的部分被截出，在半球体上部截去约半径为方形边长一半的球体，剩下的方形平面升起的三角形球面，为主要受力结构（图6）。

显然，穹隆升得越高，穹隆底部的水平推力悬得越高，把水平力安全传递到建筑基础的难度就越大。从圣索菲亚大教堂的结构示意图可以看到，为了帆拱的水平推力，采取7个小穹隆和2对（8个）墩形柱等复杂结构体系（图7）。当然圣索菲亚大教堂的复杂结构也没有浪费，内部宏伟的空间，层叠有序的多重穹隆，明暗韵律的空间节奏，都使得其成就比罗马万神庙有过之而无不及。

在研究圣索菲亚大教堂过程中，可以发现，在欧洲传统建筑发展过程中，不断地挑战困难，解决问题，但是事实上解决问题的同时引发更多的后续问题。圣索菲亚大教堂在公元537年竣工，第一个穹隆被地震震塌后，于564年重建时，同时提升穹隆的高度，在公元9和14世纪先后出现局部塌陷后，之后再修葺。在某种意义上，一部西方建筑发展史成为展现了西方精神的不断奋斗与救赎的悲剧演绎史[④]。据文献记载，查士丁尼皇帝在圣索菲亚大教堂完工时宣称"所罗门，我已经战胜了你"[12]，就是这种精神的彰显。

4.罗马风建筑的过渡结构

在罗马帝国时期的313年，君士坦丁大帝颁布了《米兰敕令》（Edict of Milan）给予了基督教合法的地位，宣布它为"国教"。早期基督教徒认为基督随时可能重新降临人间，天国的门随时可能开放，也就说，尘世间的一切苦难和教堂，只是暂时的，所以早期基督教堂多为简陋的形式。早期基督教堂采用了巴西利卡（Basilica）形制，中间为高且宽的中厅（Nave），两旁是矮且窄的侧厅（Aisle）。

当时早期通行的做法就是设置桁架梁来支撑屋顶结构。到了10世纪左右，中厅开始出现拱券结构，开始是中厅被高高的拱券分为几段，拱券之间为三角形桁架屋顶或筒形拱屋顶。之后，中厅慢慢全部采用了十字交叉拱（图8）。

罗马风建筑的典型特征是，墙体巨大而厚实，墙面用连列小券，门窗洞口用同心多层小圆券，以减少结构上的沉重感。罗马风建筑在高且宽的中厅采用了十字交叉拱，拱券的底部水平力需要硕大的柱子或者墙体来抵抗水平推力[13]。这样在教堂平面中，中厅两排柱子或墙体就必须变得硕大无比。显然，教堂内部空间因为这些粗犷的柱体而显得笨拙和拥塞。中厅高耸的轻巧空间也被这种硕大的结构冲得无影无踪。朴素的中厅与华丽的圣坛形成对比，中厅与侧廊较大的空间差异打破了古典建筑的均衡感（图9）。

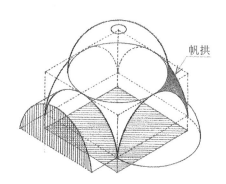

图6 帆拱

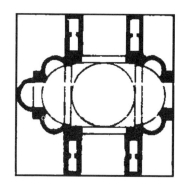

图7 圣索亚菲亚大教堂结构示意

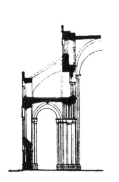

图9 罗马风建筑与哥特建筑剖面比较

图8 巴西利卡教堂中厅上空构造演变（木桁架、筒形拱和十字交叉拱）

图 10　肋拱结构系（左为圣丹尼斯教堂肋拱）

这种结构上的难题悬而未决，决定了罗马风建筑在欧洲建筑历史上的过渡阶段，这些技术难题最终在哥特式建筑时代得到合理的解决。

5.哥特式建筑的肋拱结构

哥特式建筑的第一个技术特色就是肋拱（Rib Vault，又称骨架券，图10）技术的采用。在古罗马，出现了十字交叉拱，它的出现解决了侧推力平衡和侧面光线与侧面空间的问题，但是由于十字交叉拱的上面圆拱要求高度相同，因此多适应方形平面。肋拱就是把交叉拱的相交的棱加固成拱，每个拱的两端也加固改造成拱。不过加固拱可以调节弧度，做成半圆拱、（多段式的）折线拱、尖拱或抛物线拱，交叉拱的任意一个拱的跨度可以调整，因此十字交叉肋拱可以适应不同矩形面，包括方形[14]。在某种意义上来讲，肋拱结构系统，其实就是十字交叉拱的框架化，在坚固的肋拱之间施以轻薄的拱顶填充，带来的好处就是使得拱顶的重量大大减轻，进而减轻了整个结构拱底部的水平侧推力。另外，肋拱结构系统的棱在室内也具有装饰功能（图10，左图），使得中厅上空的屋顶更有层次性和秩序性。

在古罗马时期门窗洞口多为半圆拱，也因为肋拱的技术相应变化成尖拱（Pointed Arch）。对于尖拱而言，拱的高度不再受跨度影响，具有更大的适应性。除此之外，尖拱还具有一种与宗教建筑相适应的视觉上的美学观，尖拱有方向感，有向上的动态，似乎存在视觉浮力，指向上空。其次哥特时期的尖拱相对于同样跨度的罗马半圆拱而言，内在侧推力更小，这是因为哥特尖拱的形状接近倒过来的悬链线（Catenary）⑤。

另外一个技术就是飞扶壁（Flying Buttress）。早在古罗马时期用厚重的墙体来平衡推力，如罗马万神庙，后来也出现过简易的飞扶壁（图11），在罗马风建筑中也有大量的应用，但是真正的成熟并成为建筑的有机组成部分，是在哥特建筑时期。罗马风建筑受制于中厅两侧笨重而敦厚的柱体或墙体，而导致开窗困难室内昏暗。由于肋拱结构系统的出现，中厅拱顶的推力就引导到交叉拱的四角，也就落在中厅每一开间的四个柱子上，柱子之间的墙体也就解放出来了，（侧厅上部）代之以大面积的玻璃窗。而开间轴线的柱子推力则由飞扶壁传递到侧厅或外部回廊的两侧墙墩上。

哥特式建筑在欧洲石建筑历史上达到了第一个高峰时期，最为杰出就是通过肋拱结构系统（通俗说就是石结构的框架化）和飞扶壁技术相对解决了中厅拱券的侧推力问题和侧向空间或光线流通问题。哥特式建筑在艺术上以动态的尖券、束柱、大面积彩绘玻璃营造出神秘且瑰丽的浓浓宗教氛围。但是哥特式建筑同时也忽视了自古希腊建筑以来的很多建筑上保有艺术精华和建筑成就，显然也引起了相当一部分建筑家的不满，文艺复兴建筑的出现就是对这种不满表达的最为严厉的谴责。

6.文艺复兴建筑的资源整合

古希腊柱式作为西方文化的重要组成部分，在哥特建筑时期被忽视了。另外古罗马建筑的重要建筑成就半圆拱券和穹隆也在哥特式建筑中被弱化。在哥特建筑中，半圆拱券被尖拱券所取代，拉丁十字平面教堂的十字交叉中心代之以小穹隆，有的教堂甚至代之以回廊穹隆。

上面从建筑技术上说明传统建筑的技术继承问题，除此之外，还存在着另一个民族情感的问题。在法国、德国和英国等西欧国家认为哥特建筑是本土产品，与地中海（古希腊与古罗马）的古典建筑相对抗。正如美国建筑师黎辛斯基（Witold Rybczynski,1943-）所说，每当欧洲北部民族主义逐渐高涨的时代，哥特建筑就成为他们理想的"民族"风格[15]。

显然，文艺复兴的大师们也不能脱俗，以意大利为中心的建筑复兴只能是地中海的古典复兴。文艺复兴的大师们，他们要把古希腊的柱式和古罗马的拱券与穹隆重新翻出来，

图 11　早期飞扶壁

并发扬光大。最能够代表文艺复兴精神的建筑作品是伯拉孟特（Donato Bramante，1444—1514）建于1502年的坦比哀多礼拜堂（图12），它是为纪念圣（徒）彼得殉教所建，位于圣彼得教堂（San Pietro in Montorio）的侧院里。首先，坦比哀多恢复古希腊柱式和古罗马的穹隆集中式的造型，高高耸立的饱满穹隆和环绕的圆柱柱廊构成建筑主体形象。其次，坦比哀多把古典建筑两大特色巧妙地结合起来，安置在鼓座之上，穹隆被有意识地得以彰显和突出，位于鼓座下面的柱廊展现了古希腊建筑的庄重。柱廊与穹隆虚实相生，形成强烈的层次感。坦比哀多建筑物虽小，被赋予多种几何体的变化，虚实映衬，构图丰富，成为日后圣彼得大教堂的原型。

对于文艺复兴的大师们来说，恢复古典建筑的两个特色，古典柱式在技术上问题不大，而穹隆却成为文艺复兴建筑推进道路上的难题。古罗马万神庙的穹隆是单一材料混凝土建造的，拜占庭时期的圣索菲亚大教堂的穹隆的复杂支撑结构体系，都表明穹顶技术还没有完全被掌握。

最先挑战这个问题的就是建筑师布鲁内列斯基（Filippo Brunelleschi，1377—1446），他在佛罗伦萨大教堂设计了一个高耸的大穹隆，并有意识地加设鼓座提高穹隆的高度，以便充分展现出饱满穹隆的美学价值。布鲁内列斯基的穹隆继承了先进的哥特建筑的肋拱技术（框架化）。首先穹隆不是罗马万神庙和圣索菲亚大教堂的单一材料穹隆的构造，而是在八边形的角上起了8个竖向主拱券，顶部固定于水平环券[16]。两个主拱券之间由下至上砌筑了9道水平券，自身构成9道环形水平券，并把8个竖向主拱券连接为一个整体（图13）。换句话说，布鲁内列斯基利用肋拱结构技术框架化了穹隆。

文艺复兴盛期米开朗基罗（Michelangelo Buonarroti，1475—1564）设计的圣彼得大教堂，是在佛罗伦萨大教堂的基础上，把文艺复兴建筑推向了高潮。文艺复兴的建筑大师们偏爱希腊十字平面（图14），认为集中式的平面，继承了古希腊柏拉图的宇宙思想，是完美的体现，是对神圣的赞美。显然这种设计除了情感上亲地中海的建筑模式，从建筑学的层面上，受众在大教堂的西正立面，也是能够欣赏穹隆的建筑美。正如达·芬奇（Leonardo Da Vinci，1452—1519）所说，"一个建筑物的四周都应该是独立的，以便人们能够看到它的真实形态。"[17]维特科尔（Rudolf Wittkower，1901—1971）认为这是出于对纯粹几何的热爱和对建筑精辟的认识。

米开朗基罗最初的圣彼得大教堂方案，首先把穹隆高高升起来，放在高高的鼓座上（图15左），彰显着古罗马建筑的风范和气度。其次，在正（西）

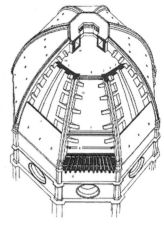

图12　坦比哀多礼拜堂　　　图13　佛罗伦萨大教堂的穹顶结构

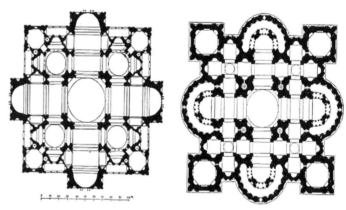

图14　伯拉孟特（左）和伯鲁齐（右）的圣彼得教堂方案的希腊十字平面

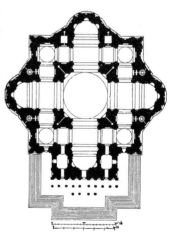

图15　米开朗基罗的圣彼得大教堂最初立面和平面

图 16　圣彼得大教堂

立面设置了古典柱式和巨大的三角形山墙，取代了哥特建筑厚重的钟塔。最后，米开朗基罗也把大教堂平面设计成希腊十字式（图15右），与他的先行者伯拉孟特和伯鲁奇（B. Peruzzi, 1481–1537）的一样（图14）。圣彼得教堂平面就是希腊十字式平面，把拉丁十字平面中入口到穹隆底部的距离压缩，以减少正（西）立面对位于教堂前广场的视野中的主穹隆的遮挡，以便位于教堂前面的人都能够很好地欣赏主穹隆。从圣彼得大教堂的设计来看，对于米开朗基罗等文艺复兴的大师们而言，建筑学自身的美学主张成为第一位的因素，充分展现石结构的完美穹隆，展现古希腊建筑柱式文化美。

　　显然世俗和其他社会力量偶尔会成为建筑学自我展现的绊脚石，米开朗基罗希腊十字平面给教堂的内部使用带来不便，被认为减少教徒聚会的空间，之后教皇命令在西边原主入口处加设了3跨度的巴西利卡的大厅。加长的教堂能够容纳更多的教徒，但是加长的大厅阻挡了教堂前广场看向穹隆的良好视野，穹隆好像窝缩在建筑上（图16）。事实上，文艺复兴之后的很多建筑都继承了表现穹顶这一基于展现建筑学自身的设计手法（图17）。

7.结语

　　古希腊建筑的错位，展现出石结构建筑的雕塑美，并发展出优雅的古典柱式体系。古罗马建筑顺从石结构的本性，用拱券和穹隆结构体系展现出石材质的潜能，创造性建造了世界上最为宏伟和壮观的石头神话。古罗马建筑师们的拱券和穹隆结构体系，带来了一系列的技术难题。拜占庭帆拱解决了圆形穹隆与方形平面结合的问题。哥特时期的建筑师们，致力于解决拱券底部和穹隆的侧推力问题，创造出飞扶壁和肋拱结构（的框架化）体系。但是哥特时期建筑师们在创造了（尖券）形式升腾感，把建筑形式与宗教礼仪推到了＂灵与肉＂的统一境界，同时却把古典建筑遗弃在故纸堆中。文艺复兴的巨匠们，整合了哥特建筑的结构与技术创新，用哥特建筑的技术框架化了穹隆，完美恢复了古典建筑中柱式、拱券

图 17　巴黎伤残军人教堂，巴黎万神庙和美国白宫

与穹隆，把它们在建筑上充分展示出来，把欧洲石结构建筑推向了新的高峰。如果说米开朗基罗设计的圣彼得大教堂，代表了欧洲石结构建筑最大的辉煌，是因为它融进了欧洲建筑历史上所积累的最新的建筑技术（肋拱系统）和施工技术，还有古典建筑艺术特色；那么可以这样说，哥特建筑在欧洲建筑史上创造了形式与结构相统一的宗教层面的艺术高潮的话，那么，文艺复兴建筑则是把建筑古典传统（石结构的本真形式或建筑学层面的美学价值）与建筑技术相统一并达到人文层面的高潮。这个判断与黑川纪章的看法是一致的，他认为，欧洲哥特建筑强调神本主义，故教堂特别重视内部空间的宗教意味，文艺复兴时期建筑强调人本主义，故教堂的穹顶的高大上就是在展现人类自身的伟大与豪迈[18]，这两句话就是对欧洲建筑历史两个高潮最恰当的总结。

纵观两千余年欧洲石结构建筑发展史，清晰展示了石结构由粗糙与简朴向精致与宏伟的演变过程，展示出一部人类征服石材质的建造史，一部人类"野心"不断膨胀的创造史，一部不断挑战自我极限的历史。当然，这个历史也不是一帆风顺的，每一阶段人类为实现自己的梦想而做出艰苦卓绝的不懈努力，同时也呈现为人类与世界抗争过程中所遭受到不断打击的挫折史。

注释：

① 目前西方建筑通史很多，如 Spiro_Kostof 编纂的《基于背景和礼仪的西方建筑史（a History of Architecture—Settings and Rituals）》(1995)，Michael Fazio、Marian Moffett 和 Lawrence Wodehouse 等编纂的《世界建筑史（a World History of Architecture）》(2008)，和 Francis D. K. Ching、Mark Jarzombek 和 Vikramaditya Prakash 等主编的《全球建筑史（a Global History of Architecture）》(2011) 等等。

② 不同质质的建筑发展的历史就是人类对该种材质探索和认识的历史。对于国内建筑系的学生来说，《中国建筑史》课程就是探究木结构历史，《外国建筑史（19世纪末之前）》课程就是探寻石结构的历史，《外国近现代建筑史》则主要介绍钢筋混凝土建筑（柯布西耶等）和钢结构（密斯等）建筑的探索史，不过钢结构探索一直延续当代。

③ 国内很多仿古建筑，同样是木结构形式和混凝土结构的材质的错位，却似乎两边不讨好？

④ 从欧洲建筑发展上来看，大型教堂建设中垮塌了重建，重建后再垮塌的反复中，展现出西方精神中悲剧精神。

⑤ 悬链线（Catenary）就是固定铁链的两端，铁链自然下垂形成的形状就是铁链线，倒过来就是理想的结构曲线。日常工程实践中，悬索桥梁中受力的弧形拱形状接近倒转的简支弯曲图一样。另外英国著名建筑家爵士韦恩（Sir Christopher Wren, 1632-1723）在设计伦敦的圣保罗大教堂时，穹隆的正剖面就采用了翻转的悬链线。

参考文献：

[1] [美]特拉亨伯格，海曼.西方建筑史：从远古到后现代 [M].王贵祥，青峰，周玉鹏等译.北京：机械工业出版社.2014：74，42，127，128，188.

[2] 黑格尔.美学（第三卷上）[M].朱光潜译.北京：商务印书馆.133-181.

[3] John Winkelmann. History of Ancient Art among the Greeks[M]. G. Henry Lodge. London：John Chapman. 1850：23.

[4] 海德格尔.海德格尔选集（上）[M].孙周兴译.上海：生活·读书·新知上海三林书店.1996：133-181.

[5] Vitruvius. The Ten Books on Architecture[M]. Morris Hicky Morgan. Cambridge：Harvard University Press. 1914：80.

[6] J.J.Coulton. Ancient Greek Architects at Work—Problems Structure and Design[M]. Ithaca & New York：Cornell University Press. 1977：74.

[7] 陈志华.外国建筑史——19世纪末以前（第二版）[M].北京：中国建筑工业出版社.1997：26.

[8] Jean-Pierre Adam. Rome Building—Materials and Techniques[M]. Anthony Mathews. London & New York：Routledge（Taylor & Francis Group）. 2007：193.

[9] [英]沃特金.西方建筑史 [M].傅景川译.长春：吉林人民出版社.2004：71.

[10] Kenneth John Conant. Carolingian and Romanesque Architecture 800-1200[M]. New Haven and London：Yale University Press. 1978：185-222.

[11] [美]黎辛斯基.建筑的表情 [M].杨惠君译.天津：天津大学出版社.2007：48.

[12] [Italian]Giovanni Fanelli, Michele Fanelli. Brunelleschi's Cupola—Past and Present of an Architectural Masterpiece[M]. Jeremy Carden, Michele Fanelli, Andrea Paoletti etc. Firenze：Mandragora. 2004：37-58.

[13] 鲁道夫·维特科尔.人文主义时代的建筑原理 [M].刘东洋译.北京：中国建筑工业出版社.2016：26.

[14] [日]黑川纪章.新共生思想 [M].覃力，杨熹微，慕春暖等译.北京：中国建筑工业出版社.2005：261.

[15] [美]黎辛斯基.建筑的表情 [M].杨惠君译.天津：天津大学出版社.2007：48.

[16] [Italian]Giovanni Fanelli, Michele Fanelli.Brunelleschi's Cupola—Past and Present of an Architectural Masterpiece[M]. Jeremy Carden, Michele Fanelli, Andrea Paoletti etc. Firenze: Mandragora. 2004: 37-58.

[17] 鲁道夫·维特科尔.人文主义时代的建筑原理 [M].刘东洋译.北京：中国建筑工业出版社.2016：26.

[18] [日]黑川纪章.新共生思想 [M].覃力，杨熹微，慕春暖等译.北京：中国建筑工业出版社.2005：261.

图片来源：

表 1 Siegfried Siegesmund, Rolf Snethlage. Stone in Architecture（4th-Edition）[M]. London & New Yorks：Springer. 2011：178.

图 1 海神尼普顿神庙（Temples of Neptune），出自：A. W. Lawrence. Greek Architecture（5th-Edition）[M]. New Haven and London：Yale University Press. 1996：104.

图 2 古希腊建筑构造图，出自：A. W. Lawrence. Greek Architecture（5th-Edition）[M].New Haven and London：Yale University Press. 1996：前插图.

图 3 筒形拱施工示意图，出自于：John Fitchen. the Construction of Gothic Cathedral-a Study of Medieval Vault Erection[M]. Chicago and London：the University of Chicago Press. 1981：35.

图 4 筒形拱、十字拱和连续十字拱，出自于：[美] 特拉亨伯格，海曼．西方建筑史：从远古到后现代 [M]．王贵祥，青峰，周玉鹏等．北京：机械工业出版社．2014：73

图 5 戴克里先浴室（the Baths of Diocletian，建于公元 298-306）出自：J.B. Ward-Perkins. Roman Imperial Architecture[M]. New Haven and London：Yale University Press. 1981：420

图 6 Francis D K Ching. A Visual Dictionary of Architecture（2nd edition）[M]. Hoboken：John Wiley & Sons Inc. 2012：63

图 7 罗马风建筑与哥特建筑剖面比较，出自于：罗小未，蔡琬英．外国建筑历史图说 [M]．上海：同济大学出版社．1986：68

图 8 巴西利卡教堂中厅上空构造演变（木桁架、筒形拱和十字交叉拱），分别出自于：Richard Krautheimer. Early Christian and Byzantine Architecture[M]. New Haven and London：Yale University Press. 1986：172；Roger Stalley. Early Medieval Architecture[M]. Oxford：Oxford University Press. 1999：173；Kenneth John Conant. Carolingian and Romanesque Architecture 800-1200[M]. New Haven and London：Yale University Press. 1978：461

图 9 罗马风建筑与哥特建筑剖面比较，出自于：罗小未，蔡琬英．外国建筑历史图说 [M]．上海：同济大学出版社．1986：113

图 10 肋拱结构，分别出自于：M. Radding，Willam W. Clark. Medieval Architecture，Medieval Learning Builders and Masters in the age of Romanesque and Gothi[M]. New Haven and London：Yale University Press. 1992：75 和，罗小未，蔡琬英．外国建筑历史图说 [M]．上海：同济大学出版社．1986：115

图 11 早期飞扶壁，出自于：Cyril M. Harris. Dictionary of Architecture and Construction（4th Edition）[M]. New York etc.：The McGraw-Hill Companies. 2006：158

图 12 坦比哀多礼拜堂，出自于：[Italian]Christoph Luitpold Frommel. The Architecture of the Italian Renaissance[M]. Peter Spring. London：Thames & Hudson Ltd. 2007：101

图 13 佛罗伦萨教堂穹隆结构，出自于：[Italian]Giovanni Fanelli，Michele Fanelli. Brunelleschi's Cupola— Past and Present of an Architectural Masterpiece[M]. Jeremy Carden，Michele Fanelli，Andrea Paoletti etc. Firenze：Mandragora. 2004：17

图 14 伯拉孟特和伯鲁齐的圣彼得大教堂希腊十字式平面，出自于：[Italian]Christoph Luitpold Frommel. The Architecture of the Italian Renaissance[M]. Peter Spring. London：Thames & Hudson Ltd. 2007：88

图 15 米开朗基罗的圣彼得大教堂立面与平面，分别出自于：[Italian]Christoph Luitpold Frommel. The Architecture of the Italian Renaissance[M]. Peter Spring. London：Thames & Hudson Ltd. 2007：121，120

图 16 圣彼得大教堂广场视野，出自于：Francis D. K. Ching，Mark Jarzombek，Vikramaditya Prakash. A Global History of Architecture[M]. New Jersey：John Wiley & Sons. 2011：535

图 17 巴黎伤残军人教堂，巴黎万神庙和美国白宫，分别出自于：Francis D. K. Ching，Mark Jarzombek，Vikramaditya Prakash. A Global History of Architecture[M]. New Jersey：John Wiley & Sons. 2011：567；http：//blog.sina.com.cn/s/blog_5541cd470100fw9v.html（引用时间 20160327）；http：//www.gzlycj.com/xlxq/2631.html（引用时间 20160327）

作者：王发堂，博士，武汉理工大学土建学院

理想妥协现实？

——人性化设计思潮在欧洲

贾巍杨　程麒儒

Compromise of Ideal and Reality?
——Humanized Design Thoughts in Europe

■ 摘要：20 世纪 30 年代北欧建筑设计领域萌芽了人道主义的无障碍设计，随着社会福利政策的变迁，近年来已进化至全容设计和包容性设计等人性化设计的崭新理念，并拓展到工业设计、信息传播乃至社会制度等领域。这些思潮均以服务更广泛的社会大众为目标，但也存在着差别。全容设计强调服务全社会、全人类，包容性设计则重视商业性、排除性。梳理两者在历史渊源、社会背景、主要理念和设计方法论上的异同，可以发现理想与现实的碰撞与融合，也让我们更深刻理解人性化设计的复杂性。

■ 关键词：包容性设计　全容设计　人性化设计

Abstract：In the 1930s，the humanitarian thoughts of accessible design sprouted in the Nordic architectural design field. With the change of social welfare policy，it had evolved into new humanized design concepts such as design for all and inclusive design in recent years，and expanded to industrial design，information dissemination and even social mechanisms. These thoughts were aimed at serving the widest public，but there were also differences. Design for all emphasized serving the whole society and all mankind，while inclusive design emphasized commerciality and exclusion. Summarizing the similarities and differences between the two thoughts in historical origin，social background，main ideas and design methodology，we could find the collision and integration of ideal and reality，and also could better understand the complexity of humanized design.

Keywords：inclusive design；design for all；humanized design

基金项目
国家重点研发计划资助（项目编号：2019YFF0303300，课题编号：2019YFF0303301）
国家自然科学基金资助（项目批准号：51808382）
国家自然科学基金资助（项目批准号：51708393）

1　无障碍设计与通用设计

　　全球诸多国家遭遇了老龄化以及残疾人等弱势群体生活环境的社会难题，发达国家大多在 20 世纪采取了一系列应对策略，最早出现的人性化设计理念就是萌芽于欧洲、正式形成于美国的"无障碍设计"理念。无障碍设计的最初起源可回溯到 20 世纪 30 年代在北欧瑞典、丹麦等高福利国家兴建的残疾人住宅及福利设施。20 世纪 50 年代，北欧的残疾人大力反对被隔离生活在福利设施内，发起了要求回归社会主流生活的"正常化"(Normalization) 运动，并很快波及美国。1961 年美国颁布了世界上第一部无障碍设计标准《肢体残疾人可达、可用的建筑设施标准》[①]，1968 年美国实施无障碍设计基本法《建筑障碍法》[②]，从此"无障碍"(当时术语是 Barrier free) 的概念传播遍及美国主流社会，并很快得到全世界的认可。

20 世纪的两次世界大战、汽车行业发展带来的交通事故导致了大量残疾人口的出现。美国残疾人权利运动，与退伍军人、黑人、妇女、老年人等群体反对歧视、争取权利的运动交织在一起。无障碍设计的保障对象从最初的肢体残疾逐步又纳入了感官、智力、精神残疾等各类障碍人士和老年人，其概念一直在拓展。20 世纪 80 年代末，北卡罗来纳州立大学的残疾人教育家和建筑师郎·麦斯 (Ronald Lawrence Mace，1941–1998) 提出了"通用设计"(Universal Design) 理念，并将其表述为"尽可能最大程度地设计所有人可用的产品与环境，无需特别适应或专门设计"。麦斯还提出了通用设计的七项原则：平等性、灵活性、直觉性、信息易察性、容错性、舒适性、尺度与空间适应性。"通用设计"对 1990 年实施的《美国残疾人法案》也产生了一定影响，这时的"无障碍设计"使用了"Accessible Design"一词。

与通用设计相对应，20 世纪 90 年代，无障碍设计在欧洲演进为"全容设计"与"包容性设计"两种人性化设计思潮，其理念也都是力图让无障碍环境造福所有人。

2 包容性设计

2.1 包容性设计的先驱

赛尔温·戈德史密斯 (Selwyn Goldsmith，1932–2011) 是一位英国残疾人建筑师，1963 年出版了《为残疾人设计》一书，是世界上第一部系统提出无障碍建筑设计策略的著作，得到了英国《建筑师》杂志的高度评价。在他去世后，英国建筑界"公民信任奖"(Civic Trust Award) 专门设立了一项"赛尔温·戈德史密斯通用设计奖"来纪念他的贡献。

英国是高福利社会，老年环境设计也得到了很多关注。英国最早系统提出"适老设计"思想的是伯明翰大学老年医学系伯纳德·艾萨克斯 (Bernard Isaacs，1924–1995) 教授，他建立了老年医学中心，推动建筑、设计、商业和制造业界一同发掘老年人需求。

慈善家和社会活动家海伦·哈姆林 (Helen Hamlyn) 也为适老设计做出了很大贡献。1986 年她在伦敦举办了"适老新设计"展 (New Design for Old)，1989 年在母校皇家艺术学院成立了自己的基金，启动了"为老设计"(Design Age) 项目，资助了很多适老设计活动和机构。

2.2 正式提出

1994 年在加拿大多伦多召开的第 12 届国际人类工效学会大会 (the 12th Triennial Congress International Ergonomics Association) 上，皇家艺术学院的罗杰·科尔曼 (Roger Coleman) 发表了论文《包容性设计实例》(The Case for Inclusive Design)，于是"包容性设计"(inclusive design) 这一术语正式问世。文中写道：

我们需要一种新的设计方法，弥合主流设计与为老设计的鸿沟，尤其是面对今天人口老龄化的趋势。包容性设计的概念整合了讲故事和构建场景两种技巧，能够将为残疾人设计这一"旁支"转变成一种为所有人设计崭新便捷未来生活的方法论。

由此可见，包容性设计从起源就兼顾了面向老年人和残疾人的设计。包容性设计的概念也有其他解释，如英国标准《设计管理系统：管理包容性设计》[③]的说明是"一种全面综合的设计，涵盖了最广泛年龄与能力层次消费者所用产品的方方面面，贯穿了产品从概念生成到最终丢弃的整个生命周期"。可见包容性设计特别重视以用户为中心，同时也强调跨学科研究以及设计流程管理。

2.3 包容性设计的方法论与商业价值

从"包容性设计"一词创造性使用后，它的发展便专注于具有商业价值的设计案例以及设计方法的研究，英国的学术界和设计师积极参与了众多科研项目。如其中的一项"i-design"系列研究，是由皇家艺术学院、剑桥大学、中央圣马丁学院合作完成的。课题 1 (2000–2004) 的成果包括两本著作《包容性设计：服务所有人的包容性设计》《应对设计排斥性：包容性设计的介绍》；课题 2 (2004–2007) 转向包容性设计的商业应用案例开发，建立了网上虚拟的包容性设计技术中心，通过包容性产品、服务、设备与环境为障碍人士争取平等权利与工作机会；课题 3 (2007–2010) 探究的是面向设计师的用户数据，整合了设计研究、人口统计与社会学研究，专注于应用包容性设计方法提高用户在居家、工作等不同条件下自主生活的能力。i-design团队还主持编写了前述标准 BS 7000–6 (2005)《设计管理系统：管理包容性设计》，集成了该项目的很多成果与思想。

包容性设计为了与"通用设计""全容设计"相区分，特地提出了"排斥性"（exclusion）这一术语来表明这样的理念：没有能够理想地满足所有人需求的设计，必须基于不同用户群体的能力和市场目标来进行分层次的设计，这个依据就是排斥性。剑桥大学包容性设计中心还基于大量的英国人类工效学数据研发了排斥性评估工具，用于估算和预测设计的潜在最大用户数量。因而可以认为，包容性设计强调以用户为中心，同时强调市场价值、设计和商业决策过程的合理性。

2.4 包容性设计的实践和传播

包容性设计在工业产品设计领域有着极强的影响力，欧洲许多研究机构和民间公司接受了包容性理念。如法拉利 Enzo 汽车门设计为部分顶部和底板可拆卸，从而使得障碍人士更容易进入车内（图1）；Easy Living Home 设计的浴缸，其存储空间随手可取以防止拿毛巾时意外滑倒，同时还提供座位空间以帮助障碍人士进出浴缸（图2）。

2012 年伦敦奥运和残奥会以"营造一届最具包容性的奥运会"为目标，其中"包容性"这一词语极为突出，它当然表明了社会融合、惠及所有民众的思想，但也包含了"包容性设计"的理念。伦敦奥运公园的设计体现了高度的包容性和可达性而广受好评（图3），获得皇家城市规划学会"公平与多彩奖"（Award for Equality and Diversity）。伦敦的千年穹顶也增加了包容性设计元素——悬挂攀登轨道（图4），不仅为障碍人士也为所有市民提供了在穹顶上 360 度观赏城市风光的特殊体验。

包容性设计的影响力也从英国遍及世界。随着互联网的发展，1994 年荷兰成立了"设计与老龄化欧洲网络"组织（European Network on Design and Ageing，简称 DAN），与英国"为老设计"基金项目合作，在欧洲诸国举办了系列学术与实践活动。美国著名的微软公司已将包容性设计作为重要原则并设计了专门网站。

图 1　Ferrari Enzo 汽车

图 2　Easy Living Home 设计的浴缸

图 3　伦敦奥运公园没有高差的室外场地

图 4　伦敦千年穹顶的悬挂攀登轨道

3 全容设计

"全容设计"相对通用设计、包容性设计则较少为人所知，这可能是由于北欧国家在学术圈的影响力难以与英美相抗衡。"全容设计"(Design for All)也有人译成"全民设计""设计为人人"，然而笔者认为"全民设计"含义不确切，"设计为人人"则翻译不够通顺雅致。

3.1 全容设计的起源

北欧是无障碍设计的萌芽之地，与其一脉相承的"全容设计"思想必然有着独特的价值。"全容设计"术语的浮现继承自20世纪60年代瑞典诞生的"全容社会"(A society for all)理念，即对残疾人的社会包容与无障碍设计，其思想甚至对1993年联合国大会通过的《残疾人机会均等标准规则》有一定影响。全容设计的出现也与北欧"从摇篮到坟墓"的高福利社会背景密切相关，学术上以欧洲20世纪50年代的功能主义建筑思潮和60年代的人类工效学发展为基础。

3.2 正式诞生

1993年，EIDD网络组织(the European Institute for Design and Disability，欧洲无障碍设计研究组织)在爱尔兰人保罗·霍根(Paul Hogan)领导下成立，有22个欧洲国家参加。EIDD宣布其任务为"借助全容设计，提高生活质量"，"全容设计"术语由此正式诞生。同年联合国《残疾人机会均等标准规则》的通过，极大地促进了北欧国家的残疾人权利立法，使得全容设计迅速发展，1995年巴塞罗那召开的EIDD年会上这一概念得到了普遍认可。

3.3 北欧诸国的全容设计发展

北欧国家较少使用立法手段，而是主要使用国家策略和计划，由民间在商业模式与理念上宣传推广无障碍设计，并形成联动。最活跃的角色是残疾人团体，也包括建筑师和设计师协会、公司和非政府组织，EIDD成员通过宣传、出版、会议和项目来促进社会对话，推动全容设计发展。北欧残疾人政策理事会(Nordic Council on Disability Policy)和北欧社会福利中心(Nordic Centre for Welfare and Social Issues，前身为北欧残疾人联合会)推出了"全容文化""全容城市规划""全容旅游"系列会议和竞赛。各国的人口统计研究也持续开展，为全容设计提供了支撑。从1998到2004年，有三本专业的全容设计期刊创刊，包括丹麦《全容无障碍设计》(Tilgængelighed for Alle)、北欧残疾人联合会的《形式与功能——北欧全容设计》(Form & Funktion—Scandinavian Design for All Magazine)、EIDD的《清晰明确——全容设计欧洲杂志》(Crisp & Clear e European Magazine on Design for All)。

瑞典很早就出现了"全容社会"理念，从2000年开始推动一项名为"从病人到公民"的国家行动计划，政府负责协调残疾人政策的是卫生与社会事务部，大力促进障碍人群全方位融入社会、获得平等机会，特别重视交通运输与公共空间的全容设计。斯德哥尔摩声称在2010年建成了世界上最具可达性的首都城市。国家地产委员会负责建筑无障碍环境建设，例如对17世纪的拉科堡(Läckö Castle，图5)与弗兰格尔宫(Wrangelska Palace，图6)的无障碍改造，不仅满足了通行无障碍，更重点考虑了肢体障碍人士的灾难紧急逃生设计，成为历史建筑遗产无障碍改造的典范。1996年成立的EIDD瑞典和2005年成立的Unicum全容设计中心是倡导全容设计的核心非营利机构。

在联合国影响下，丹麦政府通过了无障碍设计5a条例，并将"全容设计"推向教育、交通、建筑、产品设计、文化、信息等各个领域；1998

图5 拉科堡庭院地面的石材化无障碍改造试验

图6 弗兰格尔宫的无障碍疏散通道

图7 哥本哈根动物园大象馆

图8 芬兰视觉障碍联合会总部

年实施"全容无障碍"（Accessibility for All）行动计划，推动各专业协会发布设计规范策略，设计公司、铁路与地铁公司、酒店与旅游业组织、动物园等均参与其中，如福斯特设计的哥本哈根动物园大象馆（图7）。1996年"丹麦无障碍设计中心"（DCFT）成立，具有多学科背景，并与残疾人组织紧密协作。2005～2010年，丹麦建筑事务所联合会发布了"无障碍设计方针"，并由丹麦设计师协会签署宣言。文化部积极推动相关建筑教育，如奥尔胡斯建筑学院（Aarhus School of Architecture）开展无障碍设计教育已有超过25年的历史。

芬兰的阿尔托大学较早启动全容设计教育，在20世纪90年代就创建了"未来之家研究院"。芬兰政府大力推动全容设计，在2011年完成了首都"无障碍赫尔辛基"计划，标准是所有建筑都可从外轻松进入，所有街道、公园等城市开放空间都可从容行进，也即所有公共空间的衔接必须避免高差。视觉障碍联合会总部作为一个杰出的案例，使用了色彩、对比、照明、鸟语、材质等大量元素和手法作为空间向导（图8）。

挪威政府自2001年就提出了"从用户到公民：摒除障碍策略"的提案，2008年由15个政府部门联合签署协议，力争2025年建设成为全容性设计特色的国家。国家无障碍参与资源中心和挪威设计协会是推动全容设计的核心组织。在挪威设计协会努力下，国家权威"优秀设计奖"专门增设了"全容设计"类别，并得到了众多私营设计公司的响应和支持。

3.4 全容设计的方法论和国际影响

随着时代发展，全容设计从一种社会关怀发展为设计潮流，将用户对象视野从障碍人士扩展到健全人士，业已成为可持续发展策略的一部分。2004年EIDD年会发表了《斯德哥尔摩宣言》，声明"全容设计是为人类多样性、社会平等与包容而设计"。全容设计的方法论得以扩充完善，要求达到：可持续性、企业社会责任、以用户为主导的创新，后者涵盖了用户参与、跨学科合作和商业价值，最终能够达到社会效益与商业效益的统一。

全容设计在北欧持续繁荣，在欧洲EIDD几乎纳入了所有欧盟国家，并且走向国际。2001年，"全容设计基金会"非营利国际组织成立，除了北欧国家，成员还包括卢森堡、厄瓜多尔。2005年，印度"全容设计研究会"成立，印度的无障碍设计发展基本是由民间开始的自下而上的进程，而非主要依靠政府推动。

全容设计仍然坚持着"全容"的初心，并奉行联合国的"机会均等"原则，为理想而奋斗着。

4 包容性设计与全容设计的比较及其共同发展趋势

4.1 包容性设计与全容设计的比较

梳理全容设计和包容性设计的历史发展脉络，虽然它们都发端于建筑设计领域，属于无障碍设计的更新理论，但也能挖掘到其中细微不同之处，见表1。

包容性设计和全容设计由于理念的相似或分歧，产生了既有合作也有争议的局面。包容性设计理念的部分支持者推出了"排斥性"，反对全容设计定位于适合所有人的愿景，认为这种理想既不现实也不可能实现；而一些全容设计阵营的学者则批评包容性设计总试图向现实的市场妥协，抛弃部分用户，违背了《残疾人机会均等标准规则》的目标理想与法律效力。事实上包容性设计与全容设计的合作更多：两个阵营组成了设计共同体，仿佛是理想与现实的融合，常年召开如人类工效学国际会议等学术交流活动，EIDD形成了几乎遍及欧盟的网络，而英国也是其会员，欧洲业界公司的设计理念可以说很大程度上是二者的融合；二者的目标相似，都是扩充起初无障碍设计的内涵与外延，力求改善最广泛社会大众的生活，业已成为所谓"人性化设计"的最佳代表。

包容性设计与全容设计的比较		表1
	包容性设计	全容设计
起源	无障碍设计、适老设计	无障碍设计
社会背景	老龄化、高福利	全容社会、高福利
正式出现年代	1994	1993
主要使用国家地区	英国	瑞典、芬兰、丹麦、挪威
最初主要对象	老年人	残疾人
主要机构或组织	DAN 设计与老龄化欧洲网络、剑桥大学包容性设计技术中心、英国皇家艺术学院为老设计基金	EIDD 欧洲无障碍设计研究组织、瑞典 Unicum 全容设计中心、DCFT 丹麦无障碍设计中心
主要设计原则或策略	用户为中心、设计排斥性、商业价值、多学科合作、设计流程管理	可持续性、企业社会责任、以用户为主导的创新（包括用户参与、跨学科合作和商业价值）

4.2 包容性设计和全容设计的发展趋势

包容性设计和全容设计思想的许多发展趋势都值得我们认真分析和借鉴，有助于更好地理解各种人性化设计理念，亦有助于应对我国的类似问题：

1. 跨学科研究、多学科合作

发源于建筑设计领域的包容性设计和全容设计，与作为基础的人类工效学相互促进，并拓展到多个门类的工业产品设计，目前还将信息技术领域的无障碍设计研究作为学术热点。我国的无障碍设计也应重视产品和信息领域的设计。

2. 注重设计研究成果的实用价值

包容性设计和全容设计从政府政策、学术研究都重视商业价值、设计流程管理和设计方法论，并成功推向了民间公司，产出了丰富成果。这些都值得我国的无障碍相关业界学习。

3. 重视设计思想的文化传播

包容性设计和全容设计都建立了资料丰富的网站，并联合政府、高校、科研、产业界的力量进行广泛的全社会宣传，让自身的社会理想广泛传播。我们也应整合资源，利用新媒体手段宣传全方位的无障碍环境建设，营造平等、包容的社会氛围。

注释：

① ANSI-A117.1：Buildings and Facilities-Providing Accessibility and Usability for Physically Handicapped People.
② Architectural Barriers Act（ABA）of 1968.
③ BS 7000-6（2005）：Design management systems—Part 6：Managing inclusive design.

参考文献：

[1] Mace，R.L.，Hardie，G.J.，Place，J.P. Accessible environments：toward universal design[R/OL]. http：//www.ncsu.edu/ncsu/design/cud/pubs_p/pud.htm，2019-4-12.
[2] Bettye Rose Connell，Mike Jones，Ron Mace，Jim Mueller，Abir Mullick，Elaine Ostroff，Jon Sanford，Ed Steinfeld，Molly Story，and Gregg Vanderheiden. The principles of universal design [EB/OL]. https：//projects.ncsu.edu/ncsu/design/cud/about_ud/udprinciplestext.htm. 2013-3-10.
[3] The Telegraph. Selwyn Goldsmith [EB/OL]. http：//www.telegraph.co.uk/news/obituaries/technology-obituaries/8435991/Selwyn-Goldsmith.html，2017-7-25.
[4] John Clarkson P，Coleman R. History of Inclusive Design in the UK[J]. Applied Ergonomics，2015，46：235-247.
[5] Coleman，R. The Case for Inclusive Design-an Overview[C]. Proceedings of the 12th Triennial Congress International Ergonomics Association and the Human Factors Association of Canada，Toronto，Canada，1994.
[6] BS 7000-6：2005，TBSI：Design management systems. Managing inclusive design [S].
[7] University of Cambridge. Other case studies [EB/OL]. http：//www.inclusivedesigntoolkit.com/case_studies/case_studies.html#nogo，2019-4-12.
[8] 张文英，冯希亮.包容性设计对老龄化社会公共空间营建的意义 [J]. 中国园林，2012，（10）：36-41.
[9] Design Council. Why inclusive design is more than just a box-ticking exercise [EB/OL]. https：//www.designcouncil.org.uk/news-opinion/why-inclusive-design-more-just-box-ticking-exercise，2019-4-12.
[10] Microsoft . Inclusive Design[EB/OL]. https：//www.microsoft.com/design/inclusive/，2019-4-12.
[11] Karin Bendixen，Maria Benktzon. Design for All in Scandinavia-A strong concept [J]. Applied Ergonomics，2015，46：248-257.
[12] EIDD. Design for All Europe [EB/OL]. http：//dfaeurope.eu/，2019-4-12.
[13] Bendixen，K.. Thinking about Design on Board a Tram [J]. Design for All-From Social Dimension to Design Theme. Form & Funktion-Scandinavian Design for All Magazine，2002，1：18-19.

[14] City of Stockholm Traffic Administration. Stockholm-The City for Everyone [EB/OL]. http：//www.
stockholm.se/-/Sok/?q=the+project+easy+access&uaid=C790C20538491EB5950EA58A9D0F1E0C：
3137322E32302E3135312E313132：5245905650368095273. 2017-6-14.

[15] K Lena，A Kristin，B Staffan，W Sara，S Elena. How Do People with Disabilities Consider Fire Safety and
Evacuation Possibilities in Historical Buildings—A Swedish Case Study [J]. Fire Technology，2012，48（1）：
27-41.

[16] Bendixen，K. Alle kan se elefanter i Zoo（Everybody can watch elephants in Zoo）[J]. Danske Ark Byg，
2007，45：16-18.

[17] Bendixen，K. A Nightingale. Welcomes You [J]. Form & Funktion-Scandinavian Design for All Magazine，
2004，3（2）：11.

[18] EIDD. The EIDD Stockholm Declaration 2004 [R]. Stockholm：the European Institute for Design and
Disability，2004-5-9.

图片来源：

图1 http：//www.inclusivedesigntoolkit.com/case_studies/

图2 http：//www.inclusivedesigntoolkit.com/case_studies/

图3 张文英，冯希亮. 包容性设计对老龄化社会公共空间营建的意义 [J]. 中国园林，2012，(10)：36-41.

图4 https：//www.designcouncil.org.uk/news-opinion/why-inclusive-design-more-just-box-ticking-exercise

图5 http：//www.accessibilite-patrimoine.fr/?p=352&lang=en.

图6 K Lena，A Kristin，B Staffan，W Sara，S Elena. How Do People with Disabilities Consider Fire Safety and
Evacuation Possibilities in Historical Buildings—A Swedish Case Study [J]. Fire Technology，2012，48（1）：
27-41.

图7 Bendixen，K. Alle kan se elefanter i Zoo（Everybody can watch elephants in Zoo）[J]. Danske Ark Byg，
2007，45：16-18.

图8 Bendixen，K. A Nightingale. Welcomes You [J]. Form & Funktion-Scandinavian Design for All Magazine，
2004，3（2）：11.

作者：贾巍杨，天津大学建筑学院副教授；
程麒儒，天津大学建筑学院环境设计系硕
士研究生

从地方宗族与历史环境的互动看明中叶以来潮汕①东部平原地带村寨类聚落的形成

黄思达

Viewing the History of stockaded village in Chao-shan coastal plain date from Mid-Ming dynasty through interaction between lineage and Historical environment

■ 摘要：明嘉靖中后期（16世纪）的山海动乱以来，随着国家权力介入地方社会治理，使得潮汕动荡不宁的乡村社会结构被不断打破与重组。清康熙朝颁布的迁界令造成了明代以来潮汕东部滨海平原地带多姓杂居的地缘性村落被摧毁，开界后的宗族组织②又依赖粮户归宗政策得以普遍建立，以血缘为纽带、聚族而居的地方宗族以村寨为据点展开激烈的资源争夺，形成了以祠堂祭祀空间为核心、其余房屋向心环绕的向心围合式聚落形态，其表征的是士大夫阶层以国家权力话语重建宗族的蓝图，这种秩序化的聚落形态在潮汕东部平原地带（韩江三角洲）被扩散，最终在清晚期动荡复杂的社会环境下形成了无村不寨的乡村图景。本文选取象埔寨、龙湖寨、东里方寨等典型案例，截取明中后期以来治乱之间的历史片段，探讨了潮汕村寨在地方社会与国家权力的碰撞与磨合中被塑造演绎的历程。

■ 关键词：村寨 潮汕东部平原地区 聚落 宗族组织

Abstract：Because of the rebel from the Eastern Pacific date from the Mid-Ming dynasty，Implementation of interfering from national policies make the original structure of village society be broken and rebound over and over again. Many Geopolitical villages were destroyed because of the Relocation order from government of Qing dynasty. However，Lineage in Chao-shan widely rebound soon after the policy which named Lianghu-guizong. Powerful lineage contended with each other used the Consanguinity stockade village as the basement. Ancestral hall become the central space in these village，and others buildings were all surround it，this Settlement pattern was continual copied and used in Consanguinity stockade village planning in Eastern coastal plain area in Chao-shan.

Keywords：Stockaded village；Eastern coastal plain area in Chao-shan；settlement；lineage

潮汕地区的村寨是带有军事防御性的古村落，可归类于明清时期寨堡类聚落的系统。居民以地缘或血缘关系为纽带组织聚居并自发组建武装防守，外有寨墙环绕而形成明确的聚落边界。聚落形态直观上反映的是建筑物与建筑物之间的关系，其形态是紧随相当长的历史时期里人类活动而不断变化的，这类村寨正是研究潮汕明清时期乡村社会结构和生存斗争状况的重要线索。今天潮汕东部靠近海岸线的冲积平原地带③仍然有大量村寨存世。

1 地缘性村寨的出现

1.1 明中叶以前分散的小村落

明嘉靖年间《兴宁县志》记载了明初潮汕乡村的面貌，即"人自为宅，虽一子亦无同居者"④，村民皆以父子两代的小家庭为单位聚居，当家庭中的晚辈成家后，父亲为其重购田亩、另建房屋。

根据韩江支流北溪入海口的樟林村历史档案抄本记录，明嘉靖三十五年（1556年）樟林之地多为沿海耕田捕鱼为业的疍民居住，皆为"三五成室，七八共居"⑤的状态，房屋多依地缘便利呈小规模分散式布局（图1）。

1.2 明末山海动乱与乡村社会的军事化

16世纪，潮汕地方宗族开始迅猛发展，随着农业开发进程加快，国家控制力强化，乡绅关系网络日见细密⑥，而此时能够打破固有乡村社会结构的武装力量却不间断地从海上席卷而来。

由于明政府一贯执行只守大陆海岸线的海防策略，与粤东平原隔海相望的南澳岛在14世纪（洪武末年）被官军弃守。随后的15世纪里，新航路的开辟掀起了西方国家在全球范围内殖民扩张的浪潮，南澳岛由此成为各国商贩和海上武装力量的聚集地，在明代一直是闽粤海防的心腹大患。海上武装集团可在沿海随意登陆，只要突破官兵的卫所防线就可轻而易举地将自己的势力沿着河道向内陆渗透。

16世纪开始（明嘉靖后期和万历朝），东部滨海平原与西部山区之间的村落共同经受山贼、海盗、倭寇的袭扰⑦。向来分散的小型聚落无法再继续维持居民的安全。嘉靖三十八年（1559年），

倭寇从闽地入粤进逼饶平，官府决定将各个分散而力量薄弱的小村重新整合，随即谕令各县小民归并入大村，起集父子、丁夫互相防守，附郭人民俱移入城内⑧。对倭寇的防御任务由官军转移到民间自发招募的兵丁。

黄挺认为潮汕地区土楼寨堡的建立正是开始于16世纪中叶以后的倭乱，它是祸乱中官府不足倚、乡民协力自保的结果⑨，嘉靖年间潮州著名乡贤林大春所作《陈南野保障凤山序》⑩记载了分别发生在明天顺和嘉靖年间的凤山陈氏祖孙组织乡人抗击入侵者的故事：

> 凤山（属潮阳县管辖）有古寨，其来已久，天顺中夏岭为寇，乡人陈千山倡义守寨，杀贼数万，自是贼无敢东向以窥凤山者……嘉靖庚申（1560年），倭夷入寇，千山裔孙南野继而守寨，南野与其弟山谷议修寨，寻又浚渠列栅，以隘其险……贼泊寨下，令以石击贼。贼披靡，又以铳击之，毙其酋，中流矢者无算。

潮汕乡村聚寨自保最晚可追溯到15世纪中叶（明英宗天顺年间），凤山乡民抗击贼寇发生在1560年，即官府发布组织民间力量抵御倭寇谕令的次年。被归并后的大村是官府倡导下组建的民间军事共同体，通常推举族内品德贤明而有威望的人来倡议组建防御工事，同时容纳了诸多没有共宗关系的异姓族群。

1.3 地缘性村寨的建立——龙湖寨

龙湖寨（图2）又名塘湖，位于海阳县南三十里龙津都韩江堤边，其北负郡城、东枕大河、南环苍海、平畴百里、烟庐万井，是一个以地缘关系（经济因素）为纽带吸纳多姓宗族聚居的富裕墟市⑪。

龙湖寨起初于明嘉靖年间由乡绅刘子兴⑫主持创建，由于倚靠韩江又靠近政治中心潮州府城、地处通衢而成一大集市，乡民多数以经商贸易为业，且承平日久。嘉靖三十七年（1558年），倭寇从海上席卷而来，沿海村落悉数被劫掠。在危难关头，乡绅刘见湖能准确把握时机，他联合邻近诸乡与龙湖寨共同组织防御工作的策略，他堪舆地形，于险要之处设置栅闸、连以围栅，组建纪律严明的武装轮番防守，保障了龙湖寨与邻近诸乡的安宁⑬。

图1 沿海平原分散布局的房屋院落

图2 潮州潮安县龙湖古寨鸟瞰图

碑记中"（族人）相要害之处，重设栅闸，度可乘之隙"[14]，显然军事防御的高效与地缘相适应是其规划寨墙突出考虑的因素。有条1公里长的中央直街与韩江走势相随，是全寨唯一的主龙骨，连接前后寨门，其余各条次街、屋间巷道皆为分支巷道通往直街和寨墙。各个宗族的控制区域和力量并不均等，住宅的朝向也不完全一致，寨墙形状和寨门的位置以韩江河道的走势和航运交通的便利为依托，没有任何一个姓氏祠堂可以统领村寨的中心，无论住宅、店铺还是某一姓氏的祠堂都能出于交通便利而对街开门（图3）。

2 清初潮汕乡村社会结构的打破与重组

2.1 明末地缘性村寨被摧毁

1644年明清易代，而清初的四十年里粤东地区持续动荡不宁。顺治十六年（1659年），游荡于海上的明郑军事集团所率的闽军以南澳岛为据点向潮汕沿海发起进攻，与清军展开了长达九年的拉锯战。直到康熙元年（1662年），除了海峡对岸的台湾岛，闽粤沿海各地才重归清廷管辖，为了将明郑军事集团彻底孤立在海外，清政府的"迁界"令就是在这种背景下颁布的[15]。

屈大均在《广东新语》中记载迁界令的相关内容，即应迁之地，插标为限，拆墙毁屋，以绳直之[16]。政令颁行以后，潮汕平原多被划入迁界范围，自明代以来抵御倭寇的地缘性村寨几乎被摧毁殆尽[17]。

2.2 宗族组织的重建

清康熙八年（1669年），沿海各地"复界"。从迁界令执行八年以来，沿海村落几近荒芜，百姓大量背井离乡，造成诸多逃户、绝户增加和田产转移等问题，都使得以往以地缘关系为联结的里甲制度赋役负担不均的弊端开始凸显，里甲制度无法继续施行，政府进而推行粮户归宗的赋役制度改革，即粮户"各以本宗为排甲，听从民便"，凡是同宗之人可设立共同的户籍。

虽然16世纪的地方宗族开始兴旺，其在乡村的普遍化却在清代"粮户归宗"制度实施以后，宗族组织成为缴纳赋役的基本单位。由于里户从里长的人身束缚中解脱，一些没有得到里长户的小姓、杂户为了减轻负担和得到庇护而改易姓氏而归入大宗，大小宗之间开始自发整合，单姓宗族控制下的血缘性村寨由此孕育而生。

3 向心围合式布局

向心围合式聚落形态是宗族重组过程中，族领／乡绅所依赖之社会意识在聚落规划上的反映。在联宗活动中，士大夫阶层和由此建立起来的士大夫网络扮演了重要的角色[18]，庶民阶层对国家宗法伦理的接纳也体现在极力以国家权力的话语去建构宗族组织。在士大夫与乡绅共同操作下的祭祀看似只为祖宗而举行，但对祖宗的敬畏，同样传达出以"礼"为核心的国家正统文化理念[19]。

肖旻《"从厝式"民居现象探析》[20]一文指出，唯有力量强大的宗族组织才能完成这种向心围合式（民居）的设计和营造，因此单姓控制的血缘性村寨在设计上始终强调以整体统筹和强有力的秩序来与宗法礼制相衬，即不遗余力地突出祠堂／家庙等公共空间作为核心统领，其余住宅院落皆有组织地环绕祠堂，这种向心围合式聚落形态所强化的礼仪特征实为生存斗争目标而设，其现实性不言而喻[21]（图4）。

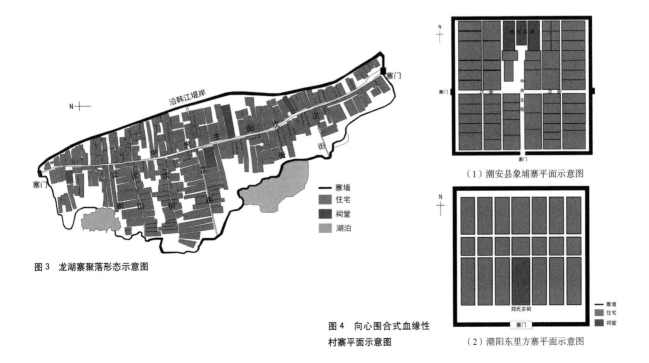

图3 龙湖寨聚落形态示意图

图4 向心围合式血缘性
村寨平面示意图

（1）潮安县象埔寨平面示意图

（2）潮阳东里方寨平面示意图

3.1 祭祀中心的建构

一个成型的聚落往往存在着有能够维系聚落完整和稳定的关键空间,我们称之为聚落极域[22]。弱小的宗族需要成长壮大,唯有先建构家庙祠堂等祭祀中心,通过频繁的祭祀活动不断向族人重复和强调血缘共同体起源的记忆[23],提升族人共宗共祖的认识,共同的信仰可以整合宗族内部力量,建立族群的边界,保障本族人员的生命财产安全,对外则排除异己,实现对地方资源的争夺。

《(嘉庆)澄海县志》载:"大宗小宗,竞建祠堂,争夸壮丽,不惜赀费"[24],生动说明了雍正以后的潮汕地方宗族对祠堂建设工程的挥霍和不惜成本。中国古代许多祭祀仪式的任务,就是在天、地、人、鬼、神的不同层次间进行沟通,祭祀作为沟通天地人神的手段被财力丰厚的族领或乡绅所占有[25],因此与祭祀相关联的空间自然在聚落中保持较高的地位,故而寨内的祠堂通常在规模上远大于普通宅院,石、木构件的雕刻工艺也异常惊艳和繁琐,屋顶安装了五彩斑斓的嵌瓷,它不仅夸耀着地方宗族的实力,那些插在梁、柱、瓦面上的戏剧历史故事也时刻在向靠近它的人灌输着礼义廉耻的国家权力意识。

3.2 中心对聚落整体的控制

除了不惜成本地建筑祭祀中心,轴线的规划手法又进一步实现了中心对聚落整体的控制。按照场所理论,以轴线组织建筑群的手法可以让空间开合启闭有节奏、有秩序地沿指定路径展开,可彰显威严肃穆的仪式感。

村寨内各个重要空间节点的对位关系主要依靠街巷交通来实现,一般主街较宽敞,贯通进深方向,连接寨门与祭祀中心(宗祠或庙宇)。次街联络旁门并与主街垂直相交,而数量最多的是连接各个联排式宅院的狭窄巷道,从主次街的各个节点分支出来有组织地排列,街与巷在聚落内形成了排列有序的干支交通系统。依附于寨墙的环街以圈合之势连通了所有街巷的末端,增加了聚落内外的可达性(图5)。

3.3 象埔寨

位于潮州市潮安县的象埔寨奠基于南宋景定三年(1262年),为陈氏族人聚居的血缘性村寨,现存建筑皆为明清时期修建[26]。该寨之形态完全符合以祠堂为核心的向心围合式布局,其寨外围轮廓方形,墙高近6米,祠堂为寨内规模最大的公共空间,坐落在南北中央直街末端,并通过主街与南门门洞相对望,主街构成了全聚落主入口到中心极域的连接,这条轴线成功实现了祠堂控制范围的扩展。位于汕头市潮阳区的东里方寨同样是向心围合式聚落形态,只是祠堂被安排在了靠近主入口的位置(图6)。

4 村寨边界的建构——围筑寨墙

4.1 经年累月的寨墙工程

今日所见之诸多潮汕村寨围墙主体结构通常都是以生土夯筑或用土坯砖砌筑,墙基包砌大块毛石或黏土青砖,筑墙之土的主要成分为黏土[27]、贝壳碎片、砂石、红糖、糯米混合的三合土(贝灰土),均为粤东地区比较常见的建材资源。

虽然粤东地区用贝灰三合土筑墙的技术至迟在明代就已经成熟,并且其防潮和防雨水冲刷的性能优于土坯砖墙和青砖墙体[28],但这种方式筑墙依然是相对费工费时的,光黏土的熟化初加工就需要一年时间,在夯筑的过程中还不能一次性完工,必须风化一层再夯筑一层,巨大的财力、物力、人力作为支持是工程实施的必要条件。由于工期经年累月,同时这样的工程也必须依赖势力强大的地方宗族和相对安定的社会环境(图7)。

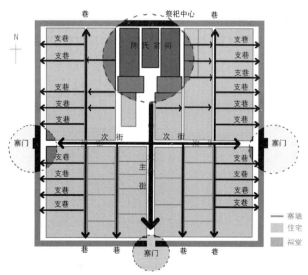

图5 潮州潮安县象埔寨内部街巷系统与轴线对位关系分析图

图6 象埔寨鸟瞰图

图 7 夯土筑墙复原想象图

4.2 无村不寨的乡村社会图景最终成型

16世纪的山海动乱以来，粤东平原地带成了人口流动极强的社会，为乡村聚落注入了军事化的基因，即便是明末地缘性村寨也多深挖壕沟并立栅栏，以相互归并后的军事共同体的身份出现。

从清康熙八年（1669年）开界直到康熙五十二年（1713年）政府宣布"盛世滋丁，永不加赋"的政策，重建的地方宗族经历了四十多年的成长，人丁的繁衍和村寨防御工事的建设均已完备，粮食产量的提高带来了各地人口的迅猛增长，由此引发的人地矛盾和资源紧张成为引爆晚清乡村暴力的火药桶。

18世纪中后期再次成为潮汕宗族发展史的一个转折点，地处韩江三角洲下游的澄海县，乾隆二十二年（1757年），海洋商业经济取代农业经济成为主流，地方科举随着这种经济转型而衰落。值得注意的是，此时的乡村宗族已不再由接受过正统教育的士大夫所掌控[29]。曾经依靠士大夫网络和官方话语建立起来的宗族开始淡化宗法伦理的约束，为实现对地方资源的争夺，开始集结党羽、私藏火药军器、雇佣地痞流氓等武装组织、频繁开展大规模械斗，暴力无限制地滋生蔓延一直是困扰中央王朝治理地方社会的毒瘤。

闽粤乡村械斗是在一个群龙无首的社会里解决冲突的一种手段，地方宗族组织正是械斗的实施者，暴力往往周期性地发生，这种周期性表现在当一个宗族组织壮大后，族产势必会向强宗大族积聚，经由暴力发生的斗案却使得单一方向集中的族产开始流动，一部分被暴力的挑衅者拿去贿赂当地官吏，一部分会在族内分散。正是这样，械斗使得敌对的宗族力量维持了大体平衡[30]。出于实际利益的考虑，官员们对暴力的纵容使得王朝的力量逐步放松对潮汕乡村社会的控制，加速了基层社会管理职权从州府县城的衙署向各个地方宗族的传递。

英国商人约翰·斯卡（John Scarth）在《在华12年见闻录：百姓、起义者与清朝官吏》(Twelve years in China) 一书中描述其19世纪50年代在韩江流域游历经商的过程中看到"无村不寨"的现象已构成了晚清潮汕的乡村社会图景，他写到：所有相邻的区县都处于严重无序的状态，乡村、城镇和宗族部落各自筑有围墙，像一个个散漫分布的小王国，而且似乎他们随时都在准备与邻居作战[31]。

19世纪初（清嘉庆中后期），潮汕地区新一轮的社会动荡开始发生，官府不得已开始承认不断膨胀的地方宗族权势。嘉庆十九年（1814年），御史何彤然公开上奏"请令民自行捕盗"[32]，表明官府公开放弃了对潮汕地方基层治安的管治。高大厚实的寨墙成为乡村宗族成员阻挡盗匪、会党、兵痞、流民武装、职业化的雇佣军或敌对宗族势力进攻的依靠，一个个壁垒高筑的村寨被卷入到近现代浩浩荡荡的历史洪流之中。

5 总结

从16世纪（明中叶）的倭寇之乱以来，动荡不宁的社会环境为乡村注入军事化的基因，从前分散的小村落依地缘聚居并筑寨，各寨自发组织武装抵御倭寇。清初，中央王朝靠迁界令强势介入地方社会治理，彻底摧毁了潮汕东部平原已有的地缘性村寨。随着开界与"粮户归宗"赋役制度的颁行，在士大夫阶层主持下的地方宗族依靠国家权力话语得以普遍重建，首先不惜成本地修建祠堂等祭祀空间为聚落极域，其余各住宅院落皆对祠堂向心围合并按照横平竖直的干支道路系统整齐排列，这种极具秩序化和模式化的聚落形态所突出的"宗法礼仪"正是对官方话语的图式化呈现，这类共宗共祖的血缘性村寨取代了明末的地缘性村寨，最终得以在潮汕东部平原上被大量复制和扩散。

一种稳定的聚落形态通常在人类营建活动与历史环境的互动中逐步塑造成型，同时也促进了社会的整合[33]。正是在治乱之间，潮汕东部平原上的一座座村寨被摧毁又得以重建，或因地缘聚居而成军事共同体，或因乡绅的操控和血缘纽带而成带有国家权力话语的表征，村寨的成型整体上经历了从分散到凝聚、从无序到有序、从偏地缘性向偏血缘性并不遗余力强化军事防御功能的漫长历程，这恰是人类基于现实需求下进行生存斗争的必然结果。

注释：

① 潮汕地区位于中国大陆东南一隅、广东省东部沿海，有"省尾国角"之一说，东与台湾岛隔海相望，北与福建省毗连，北回归线穿越横贯本区中部，位于热带与亚热带地区的交汇处，气候温暖潮湿。

② 本文根据莫里斯·傅立曼（Maurice Fredman）引进 lineage 一词对宗族进行定义，即环绕在祀产或祖祠的地域化宗桃团体，这种团体是明朝中期以后中国乡村社会的重要组织形式。

③ 潮汕东部以韩江、榕江、练江等大河冲积平原为主，即粤东平原，面积 1200 平方公里，以韩江三角洲为核心区域，为水稻高产区。

④ （嘉靖）《兴宁县志》卷四《人事部·风俗》，上海：上海书店 1999 年影印本：128。

⑤ 陈春声，肖文评：《聚落形态与社会转型：明清之际韩江流域地方动乱之历史影响》收录 1981 年文物普查中嘉靖三十五年（1556 年）樟林村百姓给潮州知府的呈文载：（疍民）三五成室，七八共居，耕田捕鱼，《史学月刊》，2011.02。

⑥ 黄挺：《十六世纪以来潮汕的宗族社会》，广州：暨南大学出版社，2015.09：2。

⑦ 陈春声：《明末东南沿海社会重建与乡绅角色——以林大春与潮州双忠宫信仰的关系为中心》，《中山大学学报（社会科学版）》，2002.07。

⑧ （嘉靖）《广东通志》·卷六六·《外志三·海寇》，广东省地方史志办公室，1997 年誊印本。

⑨ 黄挺：《十六世纪以来潮汕的宗族社会》，广州：暨南大学出版社，2015.09：73。

⑩ （清）周硕勋：《潮州府志》·卷四十·《艺文》引林大春《陈南野保障凤山序》，乾隆二十七年。

⑪ （清）卢蔚猷，吴道镕：《海阳县志》·卷三·《舆地》，光绪二十六年。

⑫ 黄挺：《十六世纪以来潮汕的宗族社会》，广州：暨南大学出版社，2015.09：53。

⑬ 潮州市文物局：《潮州市文物志》引《塘湖刘公御倭保障碑记》，潮州：潮州市博物馆，1985.01：59。

⑭ 潮州市文物局：《潮州市文物志》引《塘湖刘公御倭保障碑记》，潮州：潮州市博物馆，1985.01：59。

⑮ 陈春声：《聚落形态与社会转型：明清之际韩江流域地方动乱之历史影响》，《史学月刊》，2011.02：63。

⑯ 屈大均著，李育中等注：《广东新语注》，广州：广东人民出版社 1991 年版。

⑰ 陈春声《明末东南沿海社会重建与乡绅角色——以林大春与潮州双忠宫信仰的关系为中心》一文认为，执行"迁海令"的结果就是土楼只存留在迁界范围之外的内陆山区，故而迁界以前，韩江流域东侧平原地带也应该存在土楼建筑。《中山大学学报（社会科学版）》，2002.07。

⑱ 黄挺：《清初迁海事件中的潮州宗族》，《社会科学》，2007.03：148。

⑲ 黄挺：《十六世纪以来潮汕宗族与社会》，广州：暨南大学出版社，2015.09：12。

⑳ 肖旻：《"从厝式"民居现象探析》，《华中建筑》，2003.02。

㉑ 王鲁民：《宫本位还是庙堂本位》，《建造师》，2008.08。

㉒ 王鲁民，张帆：《中国传统聚落极域研究》，《华中建筑》，2003.08。

㉓ 周大鸣，黄锋：《宗族传承与村落认同——以广东潮州凤凰村为中心的研究》，《文化遗产》，2017.11：84。

㉔ 李书吉：《（嘉庆）澄海县志》卷 6 "风俗"，《古瀛志乘丛编》本，潮州：潮州地方志办公室，2004 年。

㉕ 张光直：《考古学专题六讲》，北京：生活·读书·新知三联书店，2013.01：13。

㉖ 陆元鼎，魏彦钧：《广东潮安象埔寨民居平面构成及形制雏探》，《华南理工大学学报（自然科学版）》第 25 卷第 1 期，1997.01。

㉗ 李哲扬在《潮州传统建筑大木构架》书中认为，黏土在潮州平原、丘陵、滩涂地带蕴藏丰富。广州：广东人民出版社，2009.01：12。

㉘ 杨星星：《清代归善县客家围屋研究》，华南理工大学，2011.12。

㉙ 黄挺：《十六世纪以来潮汕宗族与社会》，广州：暨南大学出版社，2015.09：45。

㉚ （加）王大为：《兄弟结拜与秘密会党——一种传统的形式》，北京：商务印书馆，2009：154。

㉛ （美）李榭熙：《圣经与枪炮——基督教与潮州社会（1860-1900）》，北京：社会科学文献出版社，2010.10：66。

㉜ 王传斌，刘江华：《清代械斗与地方社会权势的转移——以闽粤侨乡为例》，《农业考古》，2014.02：24。

㉝ 王鲁民，陈静：《城市营建与社会整合》，《规划师》，2005.11：86。

参考文献：

[1] 陈春声，肖文评. 聚落形态与社会转型：明清之际韩江流域地方动乱之历史影响 [J]. 史学月刊，2011.02.

[2] 潮州市文物局. 潮州市文物志 [M]. 潮州：潮州市博物馆，1985.01.

[3] 肖旻. "从厝式"民居现象探析 [J]. 华中建筑，2003.02.

[4] 陆元鼎，魏彦钧. 广东潮安象埔寨民居平面构成及形制雏探 [J]. 华南理工大学学报（自然科学版），第 25 卷第 1 期，1997.01.

[5] 李书吉. （嘉庆）澄海县志·卷 6·风俗 [M]. 潮州：潮州地方志办公室，2004.

[6] 陈春声. 聚落形态与社会转型：明清之际韩江流域地方动乱之历史影响 [J]. 史学月刊，2011.02.

[7] 屈大均著，李育中等注. 广东新语注 [M]. 广州：广东人民出版社，1991.

[8] （嘉靖）广东通志·卷六六·外志三·海寇 [M]. 广东省地方史志办公室，1997 年誊印本.

[9] （嘉靖）兴宁县志·卷四·人事部·风俗 [M]. 上海：上海书店 1999 年影印本.

[10] 陈春声. 明末东南沿海社会重建与乡绅角色——以林大春与潮州双忠宫信仰的关系为中心 [J]. 中山大学学报（社会科学版），2002.07.

[11] 黄挺. 十六世纪以来潮汕的宗族社会 [M]. 广州：暨南大学出版社，2015.09.

[12] 黄挺. 清初迁海事件中的潮州宗族 [J]. 社会科学，2007.03.

[13] 王鲁民，陈静. 城市营建与社会整合 [J]. 规划师，2005.11.

[14] 王传斌，刘江华. 清代械斗与地方社会权势的转移——以闽粤侨乡为例 [J]. 农业考古，2014.02.

[15] 李榭熙.圣经与枪炮——基督教与潮州社会（1860-1900）[M].北京：社会科学文献出版社，2010.10.

[16] 张光直.考古学专题六讲 [M].北京：生活·读书·新知三联书店，2013.01.

[17] 杨星星.清代归善县客家围屋研究 [D].广州：华南理工大学，2011.12.

[18] 王传斌，刘江华.清代械斗与地方社会权势的转移——以闽粤侨乡为例 [J].农业考古，2014.02.

[19] 王鲁民.宫本位还是庙堂本位 [J].建造师，2008.08.

[20] 王鲁民，张帆.中国传统聚落极域研究 [J].华中建筑，2003.08.

[21] 周大鸣，黄锋.宗族传承与村落认同——以广东潮州凤凰村为中心的研究 [J].文化遗产，2017.11.

[22]（加）王大为.兄弟结拜与秘密会党——一种传统的形式 [M].北京：商务印书馆，2009.

图片来源：

图 1 笔者自绘

图 2 笔者自绘

图 3 笔者根据航拍资料整理绘制

图 4 笔者根据文献 [4] 整理绘制

图 5 笔者自绘

图 6 笔者自绘

图 7 笔者自绘

作者：黄思达，吉林大学珠海学院
建筑与城乡规划学院，讲师

建筑史与建筑考古

Architectural History and Building Archaeology

邪恶的匠歌

——营造中的反结构

孙博文

Evil Ballad: Anti-structure in Yingzao Process

■ 摘要：本文通过民间营造活动中反传统认知的上梁 "坏话"、反道德故事、女性崇拜等现象，对营造的本质进行了探讨。营造过程可以理解为一套 "通过仪式"，其根本目标在于使屋主从一种居住的稳态过渡到另一种居住的稳态，营造则是两种稳态中的过渡。文章借助人类学概念，通过匠人身份逆转及行业信仰与行业传说的矛盾性存在等一系列客观案例阐述营造中的 "反结构"。

■ 关键词：匠歌　匠俗　匠人传说　匠人信仰　反结构

Abstract : This paper discusses the essence of Yingzao through the phenomena different from general cognition, such as curse, immoral story and female worship in folk construction. Yingzao process can be understood as a kind of "rite de passage", the radical goal of which is to make the homeowners pass from one kind of residential steady state to another, while the construction progress is the passage between two kinds of steady state. With the help of anthropological concept, this paper expounds the anti-structure in traditional construction through a series of cases, such as the reversal of craftsman's identity and the contradiction between artisan's faith and artisan's folktale.

Keywords : artisan's ballad, artisan's custom, artisan's folktale, artisan's faith, anti-structure

1 叙事一：上梁 "坏" 话

通常我们认为，上梁仪式一定要配合着 "上梁好话"，也就是民间所称的 "上梁彩词"、"上梁诗"、"上梁赞"。但民间上梁真实的实际情况可能更复杂一些。比如下面这首上梁口诀：

国家自然科学基金项目
(51908353)
上海商学院校内科研项
目启明星项目 (18KY-
PQMX-08)

上梁诗[①]

横排人，本姓梁，

拆掉住房盖祠堂。

豆角茄子没得吃，

开花苋菜天天享。

这首上梁诗，笔者采集于邵武和平镇李金华木匠处，是他对当年经历场景的回忆，由本村他认识的另一个木匠因不满于主家的招待不周而在上梁仪式中唱出。（据李木匠说当时那家的主人顿时目瞪口呆。）我们会经常听到上梁的"好话"，上梁的"坏话"却是非常罕见，所以我们通常以为上梁喝彩只能说好话。确实，李金华木匠解释道，这样邪恶的话，对大多数木匠而言，一般都不会轻易说出，如李木匠表示自己终生都不会唱出这样的诅咒，说这坏话的木匠性格有点古怪，主人也不清楚到底哪里得罪了他。

1.1 阈限与交融——营造与居住的对立状态

人类学家认为社会生活是由结构与反结构的二元对立关系构成，这种对立关系以一系列相对的概念体现。维克多·特纳（Victor Turner）从仪式的角度将人的社会关系状态分为两种类型：日常状态和仪式状态。日常状态中，人们的社会关系保持相对稳定的结构模式，即关系中的每个人都处于一定的"位置结构"；仪式状态与日常状态相反，是一种处于稳定结构之间的"反结构"现象，它是仪式前后两个稳定状态的转换过程，亦即"阈限"阶段。处于这个阶段的人就是一个"模棱两可"的人。而对于社会群体而言，这样的个体之间所存在的无差别的自有的关系可称之为"交融"。个体间随意建立自由关系的"交融"状态下，人的行为可不受日常行为规范所支配。社会的"日常状态—仪式状态—日常状态"的反复是一个"结构—反结构—结构"循环往复的过程。在营造现象里，则表现为非常态的"营造"与常态的"居住"的对立与循环。

关于"地位提升仪式阈限"或"地位逆转"现象的意义，特纳指出其实"所有这些类型的仪式都是对结构的加强"。作为与"结构"相对应的两种社会关系基本模式之一的"交融"，其实是为长时间处于"结构"状态的地位较高者"释放"压力，同时对地位较低者另一种形式的压抑的"释放"。它通过仪式过程中不平等的暂时消除，来重新构筑和强化社会地位的差异结构。"在前工业社会和早期工业社会里，存在着多样的社会关系。在这样的社会之中，自生的交融似乎常常与神秘力量联系在一起，并且还被看作是诸神或祖先赐予的克里斯玛或恩典。""作为初次受礼者赋予新身份的力量，……却被看作是超乎人类之外的力量：这在全世界的仪式中都是如此。"

1.2 两次身份逆转

主匠逆转

通常我们认为，在营造中地位最高的主东来主导营造仪式，在最重要的上梁仪式中理应成为最尊贵的角色。但其实在上梁过程中，与日常状态——即竖屋造房之前主东由于提供经济的支持而处于绝对权威状态相比而言，主东处于异常"卑微"的境地。主东不但不能随便干涉木匠的行为，而且仪式中所有的象征主导行为都由工匠（部分由工匠与风水师合作）来完成。即使如李木匠所形容的上梁时说"坏话"这样对屋主极为不利的行为，主东当时也没有任何中断或企图阻止的行为，也就是说，在上梁过程中，主东几乎完全失去了话语权。包括上梁的彩词内容，《鄱阳县志（民国稿）》载："吾乡上梁，无论主人能文与不能文，皆托之于梓人"。上梁时喝彩词说好话的是木匠（有时也有泥水匠），抛撒五谷的是木匠，指挥众人上梁的也是木匠，反而抬梁入场地的是地位尊贵的屋主的男性亲属。

师徒逆转

通常在一个营造工程中参与者不只一个木匠，其中地位最高者通常称为"掌墨"。"掌墨"与帮工之间通常为师徒关系，师徒合作也一定是师父来指挥，徒弟即使技艺高超也要在礼节上处于从属地位。在田野访谈中，确实有些木匠说上梁时候由师父来说好话。但也有很多木匠明确的指出，上梁时候上梁的一定是徒弟。徒弟爬梯子到屋架上，把梁吊起来最终安装好，过程中一直是徒弟在进行喝彩，抛五谷、抛厌胜钱的也是徒弟。此时师父与众人一同在地下接受"施舍"。上梁好话要由师父一代代教给徒弟，但执行者是徒弟。这与后文提及的"伏以"含义之误读（见"叙事二"）似也有一定联系。

通过"主—匠"和"师—徒"两次身份逆转，上梁仪式中的身份地位次序与日常状态的社会秩序呈现完全相反的结构。

1.3 营造过程——工匠表演的舞台

如前文所述，营造中最重要的上梁仪式经历了两次身份逆转——主匠逆转与师徒逆转。在营造的高峰上梁仪式过程中，等级性的社会结构特征被极大地冲淡与消融，日常的等级、职业、性别等界限被无差别甚至地位逆转的现象所取代，表现出一种与日常世俗状态相比反常规的、非理性的、隔离的特征。这种反结构的融合与日常生活中的结构形成了强烈对比。而实际上由于结构与反结构状态的相对性，地位高低的转换是在不停地变化的。社会地位差异，包括"性别"、"职业"等，因此女性禁忌也会以某种女神崇拜隐秘地表达，宅主、风水师、工匠会轮流出现在营造仪式或营造活动的舞台上，成为营造活动的主导。

作为因"拥有财产与支配财产"而拥有较高地位的宅主，在确定了房屋的最终成果形式以后，在营造操作过程中则完全失去了话语权。方位及时间控制的权利交给了风水师，具体操作的主导权交给了工匠，宅主只能听从或旁观。上梁的"抛梁"仪式过程中尤其明显，主东的地位急剧逆转，社会地位、财产支配的优越性无存，只能在地上仰望，等待梁上"抛撒"物品的工匠的施舍。在大部分时间由工匠主导的营造仪式中，营造的场景成为工匠赚取声誉，建立权利地位的"表演舞台"。

2 叙事二：伏以的故事（表1）

伏以的故事（版本一）

木匠上梁都要先叫"伏以"，这是有说法的。鲁班过去的大徒弟叫"伏以"。"伏以"聪明好学，手艺很快超过了师傅，鲁班很嫉妒。有一次上梁，鲁班故意叫"伏以"穿着光滑的木鞋爬到梁上。"伏以"滑倒了，用脚倒挂在梁上，质问师傅是不是故意害他。如果不是故意的，伏以还可以自己爬上去，鲁班却说他是故意的，伏以就这样掉下去摔死了。后来鲁班很内疚，每次上梁都先叫"伏以"，表示纪念。[2]

伏以的故事（版本二）

木匠上梁都要先叫"伏以"。鲁班过去的大徒弟叫"伏以"。"伏以"聪明好学，手艺很快超过了师傅，不服师傅管教。鲁班有神力，可以穿着自制的光滑木鞋在梁上走而不会摔下来。有一次上梁，"伏以"自作聪明穿着光滑的木鞋爬到梁上。"伏以"滑倒了，鲁班想救伏以但失败了。徒弟死后鲁班很怀念他，每次上梁都先叫"伏以"，表示纪念。[3]

2.1 反道德的故事——"不合理的神话"

茅盾先生曾对所谓"不合理的神话"进行过精辟的总结："第一，各民族的神话，普遍存在合理与不合理的因素，越是文明久远的民族，越是如此，中国神话中合理的成分很多，正说明中华民族有着历史悠久的古老文明。第二，对不合理的神话应该特别重视，这正是原始神话的本来面目，不应该将它们看作是毫无意义的野蛮思想，神话研究的目的，就是要找出不合理神话与合理因素产生的原因。"

鲁班传说故事在民间的存在形态特点之一，就在于对故事本身的道德判定是多元的，甚至在对死亡事件的态度上也冷淡到漠不关心，既没有憎恶也没有同情，仿佛一切即使不是理所当然，也是稀松平常的。好的讲述人会关注于故事的细节，不好的讲述人会大致归纳故事的梗概。关于鲁班杀徒弟故事中"伏以"为鲁班徒弟的情节系对仪式赞歌"伏以"这一语气助词的误读，各地的工匠却乐此不疲的讲述这一基本故事情节的各种版本。

"合理的神话"是对行业宗教与信仰的解释与完善；"不合理的神话"是对系统的"反常规"，实际是对旧有体系的分解。如果我们关注于"不合理神话"的语境，即其讲述的时间地点及讲述人身份，便容易发现其与行业话语权之间的关系。

"伏以"死去的传说 表1

故事名字	采集及流传地区	出处	注释
《鲁班悔过》	樟树市，江西	中国民间故事集成·江西卷	
篾圈圈和小木槌	白族，云南	中国民间故事全集.云南民间故事全集	出现狠心师傅的情节
伏以的故事		笔者调查自浙江、福建、江西	过程各有不同，但最后伏以死了
"伏义鲁班先师"的来历	衢州，浙江	http://www.qzcnt.com/detail.php?article_id=6973 衢州文化网	鲁班害死了徒弟"伏义"
富易坐首位	顺昌县，福建	中国民间故事集成·福建卷	富易偷学鲁班做木马之法，被鲁班打符害死，被托梦及师娘谴责，后封为大
伏依造磉	畲族，遂昌县，浙江	中国民间故事集成·浙江卷	徒弟"伏依"用穿鞋启发鲁班发明柱础。（徒弟反转的故事变体）

2.2 鲁班传说中的母题及营造活动中的角色

根据现今搜集到的鲁班传说，可将其中的角色及关系归纳为以下几个母题：

1. 徒弟的恶作剧——师徒斗法（表2）

蠢（骄傲）徒弟的故事 表2

故事名字	采集及流传地区	出处	注释
《祖师斗法》	顺昌县，福建	中国民间故事集成·福建卷	由于斗法，徒弟撒尿失神力
《鲁班庙里供大锯》	于都县，江西	中国民间故事集成·江西卷	由于斗法，徒弟撒尿失神力

故事名字	采集及流传地区	出处	注释
《祖师斗法》	顺昌县，福建	中国民间故事集成·福建卷	由于斗法，徒弟撒尿失神力
鲁班的墨斗	白族，云南	中国民间故事全集·云南民间故事全集	被徒弟撒尿失灵
鲁班的墨斗	白族，云南	中国民间故事集成·云南卷	被徒弟撒尿失灵
《鲁班收徒》	南召县，河南	中国民间故事集成·河南卷	徒弟名叫张灵
鲁班教子	淅川县，河南	中国民间故事集成·河南卷	
赵巧送台灯	新津县，四川	中国民间故事集成·四川卷	徒弟名叫赵巧，并成为日本工匠的始祖
鲁班和赵巧	河北	鲁班传说故事集	做木驴被鲁班教育，后半段同上
玲珑塔的来历	海淀区，北京	中国民间故事集成·北京卷	徒弟籍贯按由大到小依次为山东、河北、北京、河南、辽宁、山西
鲁班选徒	合水县，甘肃	中国民间故事集成·甘肃卷	鲁班用大徒弟二徒弟的故事考验，最后鲁班九百名徒弟中最得意的苏华山成功
木人挑担	合水县，甘肃	中国民间故事集成·甘肃卷	解释了工具的存在
张半砍匾	河南	中国民间故事全集·河南民间故事集	鲁班成功教训徒弟张半
鲁班和张半	河南	鲁班传说故事集	同上
巧木匠	吉林	中国民间故事全集·吉林民间故事集	鲁班未提及，但感觉上"过路人"应就是鲁班
木匠的儿媳妇	维吾尔族，新疆	中国民间故事全集·新疆民间故事集壹	笨儿子，聪明儿媳，坏国王
鲁班学艺		鲁班传说故事集	鲁栓、鲁宾和鲁班。鲁班是个正面形象
没有量（良）心		鲁班传说故事集	鲁班教育骄傲的徒弟王同
鲁班的徒弟	河北	鲁班传说故事集	鲁班带三个徒弟教育骄傲的石匠
黄鱼胶和米鱼胶	陕西	鲁班传说故事集	阿大因怕苦没学到鲁班的本领，并解释了胶水的来历
赛鲁班遇上了真鲁班		鲁班传说故事集	鲁班教育了骄傲的石匠
王好胜	江苏	鲁班传说故事集	鲁班开导了王好胜
王好胜改名	镇江	中国民间故事集成·江苏卷	同上
鲁班和鱼鳔猪鳔	平山县，河北	太行民间故事	徒弟张通耍小聪明丢了神法。鱼鳔猪鳔的起源
鲁班与众木神	白族，巍山县，云南	中国民间故事全书	众木神与鲁班外表一样，班妻巧辨鲁班；二木神收徒墨斗里撒尿失神力
因何发明锯子	平远县，福建	中国民间故事集成·福建卷	墨斗因徒弟失灵
异文	揭西县，福建	中国民间故事集成·福建卷	杨救贫教鲁班徒弟撒尿墨斗不能解木，鲁班给杨做小罗盘不能喝龙脉
赛鲁班改名	市中卷，山东	中国民间故事全书	鲁班教育赛鲁班
普安老祖收徒弟	镇江，江苏	中国民间故事集成·江苏卷	普安老祖是工匠始祖，仙人下凡。收张鲁二班为石匠、木匠始祖，侍者成漆匠始祖。二人骄傲互斗被普安老祖教育
鲁班和木马	白族，云南	《中国文化抢救》	鲁班老婆私骑木马致不能飞行，鲁班用木鸟传信大徒弟张班班代工，后徒弟出名
木人拉锯	滁州，安徽	中国民间故事集成·安徽卷	徒弟没有"量心"，因此鲁班做的木头人不自动拉锯
王波送灯台	临泉县，安徽	中国民间故事集成·安徽卷	王波求助鲁班师娘偷学鲁班木马，骄傲自大被师父派去东海龙宫回不来
檀树芯为啥有黑线	滁州，安徽	中国民间故事集成·安徽卷	徒弟偷懒，墨斗失神力，解释了檀树芯有黑线的原因
鲁班拜师	鸡西市，黑龙江	中国民间故事集成·黑龙江卷	鲁班跟随黄石山学木匠，是正面形象
鲁班门上耍花锛	南漳县，湖北	中国民间故事集成·湖北卷	鲁班教育小木匠鲁清
伏以扛大梁	浠水县，湖北	中国民间故事集成·湖北卷	伏以被误解调戏师母
鲁班与张良	衡南县，湖南	中国民间故事集成·湖南卷	不被鲁班看上的徒弟张良巧解造桥难题
鲁班与张班	内蒙古，汉族	中国民间故事集成·内蒙古卷	鲁班嫉妒徒弟张班，使计整走张班
油匠的由来	长治县，山西	中国民间故事集成·山西卷	鲁班不肯把绝招教给徒弟，徒弟反而成为油匠始祖
郎寨没顶塔	安泽县，山西	中国民间故事集成·山西卷	鲁班建塔与大娘做烧饼打赌被教育

2. 坏主东与智匠——工匠与宅主（表3）

智斗主东的故事及变体

表3

故事名字	采集及流传地区	出处	注释
鲁班求教张班	新安县，河南	中国民间故事集成·河南卷	主家是老道
山保木匠	理县，四川	中国民间故事集成·四川卷	主家是松林寨大财主
木匠的妻子	保安族，积石山县，甘肃	中国民间故事集成·甘肃卷	木匠、妻子和财主
异文	酒泉市，甘肃	中国民间故事集成·甘肃卷	扎西智斗大喇嘛
国王、木匠与和尚	甘肃	中国民间故事全集·宁夏民间故事集	基本情节同上，木匠用智慧复仇
巧嘴木匠	四平市，吉林	中国民间故事集成·吉林卷	木匠与财主讲故事斗气
石匠的传说	福建	中国民间故事全集·福建民间故事集	石匠召里与财主谭德斗争，后半为与仙女做夫妻
木匠翰林	白族，云南	中国民间故事全集·云南民间故事集	宁做木匠，不做翰林。马木匠体现木匠的气节
柱顶石	河南	中国民间故事全集·河南民间故事集	鲁班十八岁智胜县官
同上	河南	鲁班传说故事集	同上
泥水匠巧治地主	宁夏	中国民间故事全集·宁夏民间故事集	
木匠的儿媳妇	维吾尔族，新疆	中国民间故事全集·新疆民间故事集壹	笨儿子，聪明儿媳，坏国王
金刚腿	江苏	鲁班传说故事集	鲁班发明金刚腿戏弄相爷得皇帝赏识
一张桌子	辽宁	鲁班传说故事集	鲁班做桌子救老木匠，昏皇帝杀昏县官
鲁班和张班——弓人、台和阁、修桥	辽宁	鲁班传说故事集	鲁班启发、教育及帮徒弟出气
犒匠师		华夏民俗博览	石匠师祖张班，木匠师祖鲁班帮修长城的工匠渡过难关，并解释了主家与工匠斗争与厌胜术的由来
鲁班锯子郢人斧	江陵县，湖北	中国民间故事集成·湖北卷	手艺高超的匠人炫技，鲁班爷跟着学
福主庙子像鸡笼	高安县，江西	中国民间故事集成·江西卷	鲁班做鸡笼庙羞辱福主菩萨

3. 愚蠢的合作者——木匠眼中的其他工种（表4）

与他种匠人的故事

表4

故事名字	采集及流传地区	出处	注释
"打船钉"和"刨叶花"	安乡县，湖南	中国民间故事集成·湖南卷	"互不求援"，"经常来往"
老君会的传说	高安县，江西	中国民间故事集成·江西卷	铁匠始祖太上老君与木匠始祖鲁班斗法获胜，铁器行业就排在所有工艺行业前面
南门外的关帝庙	内蒙古，满族	中国民间故事集成·内蒙古卷	瓦匠李四与木匠张三斗技，木匠领工变成瓦匠领工

4. 扬公的故事——木匠和风水先生（地理先生/地仙/地师）的斗法（表5）

鲁班与扬公故事

表5

故事名字	采集及流传地区	出处	注释
《祖师斗法》	顺昌县，福建	中国民间故事集成·福建卷	
《鲁班庙里供大锯》	于都县，江西	中国民间故事集成·江西卷	
《阴阳和石匠》	吴忠市，宁夏	中国民间故事集成·宁夏卷	
黄陵庙	宜昌县，湖北	中国民间故事集成·湖北卷	四个阴阳争论庙址，"白胡子老头"显圣定庙址

2.3 营造中的几对角色关系与社会关系"隐喻"

"鲁班"的境遇

鲁班传说中的几个事实：徒弟总是不听话，师傅总是刻薄狭隘的；石匠总是愚蠢的；鲁班有个身份类似的伙伴叫"张班"；鲁班似乎无所不能却会被一些小问题难倒而不得不求教于老婆；鲁班身边的女人（老婆／妈妈／妹妹）总是比鲁班厉害。这个"鲁班"实际就是木匠，鲁班的境遇就是木匠的境遇。如果不假分辨，那么，我们可以大致得出这样的结论：木匠的生活状态处于这样一种情况，同行师徒或上下级别之间关系对立，与不同工种之间既要合作又要竞争，对雇主又依赖又要制约，同时还是"妻管严"。

胡适先生曾创造过一个经典的名词——"箭垛式的人物"。在民间传说中，鲁班实际上是匠人的象征与代表，也是木匠的自我指代及暗喻。因此我们可根据鲁班传说中的一些固定模式总结出传统营造中的一些社会关系。

师徒关系

鲁班的徒弟根据地理位置的不同有很多名字，张班、张灵、赵巧、伏以、苏华山等，当然也有些故事中以鲁班作为徒弟名字的形式出现。除去最为对立的伏以被害这一故事外，徒弟多半以愚蠢、偷懒、骄傲或耍小聪明的形象出现，故事的结尾多半是给鲁班造成小麻烦及被鲁班教育。聪明、勤恳、诚实的徒弟故事母题也有，但相对而言，完全正面的形象比较少。鲁班故事中师徒关系处于一种对立与和睦状态的经常转换。

主匠关系

鲁班故事中主匠关系在斗争与智取中求得平衡。

工种关系

鲁班故事中关于不同工种之间的关系表达是非常一致的，均将工种关系起源解释为鲁班与其他工种师祖人物的师兄弟关系。在角色冲突的表现上，也是对立与合作的情节互相掺杂，最后终究归于平衡。故事比较明确地提出一些工种之间的排位次序。

"镜影人物"——张班：二元对立的复合型角色

"张班"是鲁班传说故事中除鲁班外出现频率最高的名字，其身份也五花八门，从鲁班的师兄（弟），到鲁班的徒弟，再到与鲁班平行的石匠或泥水的祖师，其与鲁班的关系也呈现对应的多元性，综合了师徒关系、师兄弟关系与工种关系的各种对立与平衡的关系。有些地区的故事比如云南的"孖班"和"张半"明显的是语音误读上的讹传。可以说"张班"是一个人格最为多变的角色（表6）。

值得注意的是，在一些故事中，张班是与鲁班身份类似的角色特征，另一些故事中张班的言行则与鲁班形成或好或坏的对比。对照鲁班，张班更像是镜子中的一个影子，是从早期鲁班神话中的鲁班分离出来的。

张班传说 表6

故事名字	采集及流传地区	出处	注释
《鲁班求教张班》	新安县，河南	中国民间故事集成·河南卷	
桨板和舵	江苏	中国民间故事全集.江苏民间故事全集	鲁班师娘围裙启发鲁班发明箍桶
张班去了鲁班来	白族，云南	鲁班传说故事集	张班改名鲁班，鲁班师娘用伞启发鲁班发明橡子
鲁班与众木神	白族，巍山县，云南	中国民间故事全书	众木神与鲁班外表一样，班妻巧辨鲁班；二木神收徒墨斗里撒尿失神力
普安老祖收徒弟	镇江、江苏	中国民间故事集成·江苏卷	普安老祖是工匠始祖，仙人下凡，收张鲁二班为石匠、木匠始祖，侍者成漆匠始祖。二人骄傲互斗被普安老祖教育

"张班、李班和鲁班"——二元叙事与三元叙事

以苏文清先生文艺数理批评的理论，"二分法强调科学、理性、涉及对立、斗争等主题，是现代文明的标志；而三分法则强调"间性"、融合、和谐，与前现代和后现代性相关联。"鲁班、张班故事的变幻恰恰反映了这种故事人物叙事的数理关系。总结下来，出现张班这一人物的鲁班故事，故事角色之间更多的体现对立、斗争主题。张班和李班一般会以师徒关系、师兄关系或不同工种之间关系出现，这样的角色关系设定就代表着对象之间的对抗。故事中的鲁班与张班会由于斗法、嫉妒心或傲慢的态度而发生矛盾。与之类似的故事结构中，鲁班与风水师扬公之间也存在着尖锐的对立；除却双方偶尔出现的互助情节，角色间对立的程度在鲁班与徒弟伏以的故事中达到了极致。

文学数理批评中的"三极建构"是指三位一体的叙事模式。其基本特点是："人物设计以三方为限，形成两方为主构，第三方为中介的动态组合。其在原理上是一分为二，操作上是一分为三。"在鲁班、张班故事中，起最后的调停作用的普庵老祖就是第三方中介的作用。由于第三方的存在，最后的人物关系才达到了和谐。苏文清先生则在此理论基础上做了适当的发展，"人物设计以三方为限"是符合实际的，但人物组合除了"两方为主构，第三方为中介"的二主一宾结构外，至少还可以有一主二宾和一、一、一三者并列两种形式。实际上"三者并列"模式在鲁班传说故事中也是非常常见的，比如"张班、李班和鲁班"的情节以及"鲁班传线"故事中的石匠、木匠、瓦匠三工种始祖的故事。由二元叙事转变为三元叙事之后，人

物之间的二元对立则被削弱了很多，即使有暂时性的矛盾，最终结果也一般是和谐的。

杜贵晨先生所谓"三复情节"是指"叙述做一件事要重复三次才能成功的模式"，如我国古代小说中"三顾茅庐"、"三打祝家庄"等，就是常说的三叠式结构。不过它不仅仅只包括同一主体"做一件事要重复三次才能成功的模式"，还应包括不同主体三次做同一件事的模式，而且最后成功与否也不是定量。因而广义的"三复情节"应该是通过三个（或多个）类同的情节单元来叙述一个完整故事的叙事模式。这样的模式也影响到了鲁班传说。比如鲁班传线的故事母题中，一般是三个工种的始祖分三次分别被师祖传授技艺；比如鲁班选徒的故事母题中，一般是最小的徒弟最后获得成功，得到真传。

二元对立到三元平衡

传说故事的角色关系反映的是社会关系。传统营造中需要不同工种以不同社会团体的身份参与，故事角色中的和谐或对抗，显示的是群体之间的博弈和平衡。手工业时代的营造方式是以工种划分为基础的。老子《道德经》："道生一，一生二、二生三、三生万物"。实际上"三"作为有限之极与无限之始，代表多元或无限。社会性的生产方式需要各分工群体之间关系保持平衡，三元或更多元状态与容易陷入对立的二元状态对这种分工状态更加有利。因此行业的细分不仅有利于提高专项加工的生产效率，也更有利于系统的稳定（表7）。

多元工种合作与平衡 表7

故事名字	采集及流传地区	出处	注释
《三匠合伙造磨脐》	西峡县，河南	中国民间故事集成·河南卷	合作
鲁班传线	公主岭，吉林	中国民间故事集成·吉林卷	石匠、木匠、瓦匠斗争与合作
异文	乾安县，吉林	中国民间故事集成·吉林卷	石匠、木匠、瓦匠合作与排位次
鲁班传线	台安县，辽宁	中国民间故事集成·辽宁卷	石匠、木匠、瓦匠、笆匠排位次
老君和鲁班		鲁班传说故事集	与铁匠合作
黑线、白线、红线		鲁班传说故事集	木匠用鲁班传给的黑线，瓦匠用鲁班师娘传给的白线，石匠用鲁班妹妹鲁兰传给的红线
鲁班石	四川	鲁班传说故事集	鲁班（老头）受到大家冷遇，教育众工匠
普安老祖收徒弟	镇江，江苏	中国民间故事集成·江苏卷	普安老祖是工匠始祖，仙人下凡，收张鲁二班为石匠、木匠始祖，侍者成漆匠始祖。二人骄傲互斗被普安老祖教育
九佬十八匠	宜昌市，湖北	中国民间故事集成·湖北卷	鲁班分行当，九佬十八匠
三班匠人排位	丹江口市，湖北	中国民间故事集成·湖北卷	鲁班收三徒，石匠、木匠、砌匠排位次

3 叙事三：鲁班身边的女性角色

3.1 聪明的班妻

鲁班妻子是在鲁班传说中经常出现的一个角色。结合田野调查与文献搜集，鲁班妻子的事迹可总结如下（表8）：

班妻故事 表8

故事名字	采集及流传地区	出处	注释
斗栱的来历	罗源，福建	笔者调查	鲁班妻子发明斗栱
柱础的来历	罗源，福建	笔者调查	鲁班妻子发明柱础
木匠阿多朵	高山族，台湾	中国民间故事全集·台湾民间故事集	木匠与妻子的故事
巧匠造木人	壮族，广西	中国民间故事全集·广西民间故事集	斗智斗不过妻子，木匠烧了自己造的木人，解释了不同民族衣服颜色的来历
鲁班箍桶	江苏	中国民间故事全集·江苏民间故事集	鲁班师娘围裙启发鲁班发明箍桶
同上	北京	鲁班传说故事集	同上
相亲	山东	中国民间故事全集·山东民间故事全集	鲁班娶妻为贤内助，发明"班母"
木匠的儿媳妇	维吾尔族，新疆	中国民间故事全集·新疆民间故事集壹	笨儿子，聪明儿媳，坏国王
造船		鲁班传说故事集	鲁班媳妇用鞋子启发鲁班发明船
鲁班师娘的故事——开锯齿、造伞	江苏	鲁班传说故事集	鲁班师娘根据木梳发明锯子，鲁班师娘根据亭子造伞

故事名字	采集及流传地区	出处	注释
"班母"和"班妻"	河北	鲁班传说故事集	班母发明墨线头木钩,班妻发明木橛子
张班去了鲁班来	白族,云南	鲁班传说故事集	鲁班师娘用伞启发鲁班发明橡子
黑线、白线、红线		鲁班传说故事集	木匠用鲁班传给的黑线,瓦匠用鲁班师娘传给的白线,石匠用鲁班妹妹鲁兰传给的红线
鲁班女神	苗族,湘西	湖湘文化辞典	班妻偷骑木马,阴差阳错成为行业神
鲁班经与鲁班会		中华民俗博览	班妻云氏帮忙改进工具,女儿鲁兰
妻子气鲁班	湛江,广东	中国民间故事集成·广东卷	班妻智识假人
鲁班娘子做伞	岳阳县,湖南	中国民间故事集成·湖南卷	鲁班娘子根据鲁班的亭子造伞

实际上这些故事属于同一个母题,即妻子总是在鲁班遇到难题时成为难题的解决者,亦即鲁班的拯救者。鲁班妻子发明其他东西都是可能的,也类似"箭垛式"人物。

鲁班的母亲和鲁班的妹妹

为数不多的鲁班母亲和妹妹的故事实际上是班妻故事的变体。"班母"也是一个类似的角色。鲁班的妹妹心灵手巧,在一些传说中也成为某些行业的始祖。另外一些鲁班妹妹(鲁姜／鲁兰)的故事则表现了妹妹的顽皮捣蛋、耍小聪明,但鲁班异常的宽容,即使输了也丝毫不生气。鲁班与所有女性角色之间的关系都是异常和谐的,这与其他故事母题中鲁班与男性角色之间关系的两面性是完全不同的(表9)。

班母与班妹 表9

故事名字	采集及流传地区	出处	注释
鲁班刻石人	涉县,邯郸,河北	鲁班传说故事集	为了背母亲赶路而没有刻完石雕
"班母"和"班妻"	河北	鲁班传说故事集	班母发明墨线头木钩,班妻发明木橛子
班母的来历	武涉县,河南	中国民间故事全书	班母通过顶针启发鲁班
鲁班造船修碾	灌县,四川	中国民间故事集成·四川卷	妹妹赌气不服,鲁班帮忙
换塔尖	海淀区,北京	中国民间故事集成·北京卷	妹妹名字鲁姜,自作聪明换塔尖出丑
云阁虹桥	浑源县,山西	中国民间故事集成·山西卷	鲁班兄妹比赛修桥,妹妹学鸡叫骗鲁班
应县木塔有多少层	应县,山西	中国民间故事集成·山西卷	鲁班兄妹比赛造塔
桑干河为啥没有桥	阳高县,山西	中国民间故事集成·山西卷	鲁班兄妹想帮人们修桥,得知原因放弃
鲁妹造伞	浙江	中国民间故事全集·浙江民间故事全集	鲁班与鲁妹比赛造亭,鲁妹发明雨伞
鲁班一夜修三桥	河北	中国民间故事全集·河北民间故事全集	鲁班与妹妹鲁姜比赛造桥
五台山的悬空寺和赵州石桥		鲁班传说故事集	鲁班与妹妹比赛,妹妹作弊造得悬空寺。鲁班造赵州桥
石香炉	浙江	鲁班传说故事集	山东巧匠鲁班与鲁妹智斗黑鱼精
黑线、白线、红线		鲁班传说故事集	木匠用鲁班传给的黑线,瓦匠用鲁班师娘传给的白线,石匠用鲁班妹妹鲁兰传给的红线

3.2 班妻有名?——民间工匠信仰

九天玄女——数术女神

民间传说她是一位法力无边的女神,因除暴安民有功,玉皇大帝才敕封她为九天玄女、九天圣母。"九天玄女,著名的道教女仙,又名九天女、玄女、元女、九天娘娘、九天圣母,在台湾地区又被称为一神九体的连理妈。"随着道教的兴盛以及统治者的推崇,她的形象不但进入了各种通俗文学作品之中,而且得到了民众的广泛信奉。"明清时,各地亦多有玄女庙、九天娘娘庙等。九天玄女的神格在民间非常变化多端,主要归纳为以下几类:

战争神:最早提及玄女的书是《黄帝内传》,已亡佚。玄女为黄帝创制用于战事的武器,传授战法。后来的民间传说级明清小说都经常出现玄女战争神的情节。助越亡吴,奇门遁甲,收白猿为徒,薛仁贵征东,授宋江兵法,伯温得兵法,汉高祖建都,唐赛儿得兵书等。《水浒传》中即有玄女救宋江的情节。

丹药神:玄女成为丹药神还是与皇帝有关。成书于两汉之际的《黄帝九鼎神丹经序》中记载玄女以黄帝之师的身份传授其丹药炼制之法。玄女作为丹药神亦流传于民间,如《夷坚志》"赤松观丹"的故事,已经把玄女的炼丹之地放在凡间。

术数神：九天玄女另一个重要的身份是术数神。古代术数书籍《黄帝龙首经》《黄帝授三子玄女经》中记载黄帝将占卜之数授予玄女。后世不断出现以玄女之名命名的术数类书籍，如四库全书中《宅经》卷上即有《玄女宅经》。民间地方信仰中传说"九天玄女"有九尊，九尊玄女所持物法器都不一样，以中国现有玄女庙为例，有八卦、拂尘、宝剑、桃花木剑、葫芦、掐指、天书、照妖镜、两仪、宝珠、钟、九彩石等器物，均为与道教术数相关的法器。掌管术数这项职能是与营造最为紧密相关的内容，与营造中的风水巫术有较多的关系。《事林广记》所载"湖湘间"常用的"九天玄女尺"至今并未发现实例，作为一种术数的象征，其实际存在与否及其能发挥的作用值得怀疑。

房中术神：九天玄女还有一个不可忽视的职能是生育神、爱神、媒神、送子神。比如在元代男女婚配需要先以绛帛装饰一妇女以之为九玄女祭祀。

香烛业行业神：而实际上九天玄女也成为很多行业的"始祖"，也就是行业神。"台湾香烛业奉九天玄女。《台湾民俗·祭祀》云：'九天玄女，又称连理妈，有大妈至九妈晌九尊神体，香烛业者祀之。'九天玄女本为古代神话中的女神，又为道数之仲。"

九天玄女以术数神身份成为木匠信仰的神灵之一，在传统行业神鲁班之外占有一席之地，并且在一部分工匠的叙述中成为鲁班配偶，这一现象是值得思考的。广西毛南族传说中，风流的女神灵娘和三九、土地公、蒙官、鲁班都有私情。

荷叶夫人与"何、叶二位夫人"

荷叶夫人是谁？何、叶二位夫人又是谁？他们为什么会出现在木匠的营造里？我们需要对民间信仰进行探源。荷叶夫人其实源于江西地方民间信仰。荷叶夫人是江西乡村社会中信仰最为普遍的神祇之一——许真君的配偶。许真君是江西地方信仰的神灵，广泛分布的"万寿宫"的主要作用就是供奉许真君。许真君的夫人荷叶夫人也成为神灵崇拜体系的一部分与祭祀的对象。"景德镇在明代就建有老'都昌会馆'，但多数会馆建于清代。据《景德镇陶录》图载：清嘉庆二十年（1815年），镇区有景仰书院一所，有徽州、南昌、苏湖、饶州、都昌、临江六所会馆。民国15—19年（1926—1930年）增建了祁门、丰城两会馆。民国末期镇区会馆、书院、公所总计达到二十七所。""会馆还有一个重要的功能，就是定期举行各种"做会"（也称祭神）活动。景德镇每个会馆内均供存本籍所尊崇的神或先贤，并都设有自己崇拜的偶像和保护神，如抚州会馆的正厅有"朱夫子殿"，紧接朱夫子殿的还有"关帝殿"，南侧有"文昌宫"。在南昌会馆的正厅设的是真君殿，供奉"普天神主"许真君偶像。夫人殿，供奉的是许真君的配偶荷叶夫人。观音堂，敬奉大慈大悲的救苦救难的观世音菩萨。另外，福建会馆中设有"天后宫"，祭祀"天后娘娘"，临江会馆供奉"梢公菩萨"，婺源会馆供奉"朱熹的神位"，山西会馆供奉"关帝大圣"等。"做会"活动根据各会馆所信奉的不同神祇而时间有所不同，如敬奉关公的一般在五月，而敬奉"许真君"的则是在八月。"由此可见"荷叶夫人"信仰是由江西民间信仰进入了木匠行业信仰之中，成为木工的保护神之一。浙江的"何、叶二位夫人"是荷叶夫人的讹传。从中隐约看出异地匠作传承的渊源关系。

列维·施特劳斯（Levi-Strauss）指出描述社会结构要采用如下三个标准："一是婚姻法则，二是社会组织，三是亲属制度。"营造中复杂的角色之间通过虚拟血缘形成社会关系的单元，进而形成一个社会关系网络。我们可以通过类似亲属关系的分析来比较一下营造关系的"结构"，似可看清其中的对立与平衡系统是如何运作的（图1）。列维·维施特劳斯认为亲属关系是一个象征系统，

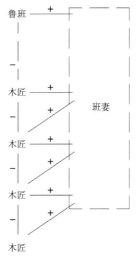

图1 基本亲属关系的"正负"关系，"+"表示积极关系，"−"表示消极关系

图2 营造行业单元关系网络及其平衡象征系统

"一个亲属关系的本质并不在于那种人与人之间在继嗣或血缘上的既定的客观联系；它仅仅存在于人的意识当中，它是一个任意的表象系统，而不是某一实际局面的自然而然的发展。"血缘制的社会关系系统存在着四种基本关系：兄弟／姐妹；丈夫／妻子；父／子；舅／甥，为关系最小单位。传统行业的社会组织基于一夫一妻的家庭基本社会单元与传统手工业的集体组织的社会生产方式。而实际上虚拟血缘制无法真正构成一个内部循环的平衡系统。虚拟的血缘制关系里并没有与"姻亲关系"、"继嗣关系"相对应的词项。稳定的四角关系变成了三角关系，因而并不能将虚拟血缘关系和血缘关系进行简单置换，在将父子关系替换为师徒关系之后，徒弟与原结构中的母亲和舅舅并不建立任何关系。相反，传统营造的行业中，师父的亲属恰恰可以成为真正的血缘关系的象征（图2）。在营造技术及行业声誉成为可以进行财富交换资本的情况下，类似继嗣财产的技术传授，实际是在血缘制与虚拟血缘制之间形成特别尖锐的对立的。

4 从神圣到世俗——反结构的原型变迁

根据故事的来源地点绘制民俗地图，则很容易发现一些分布上的规律特征。北方更多的是道德故事，南方则更多的是反道德的故事，而东南地区鲁班杀徒弟与班妻崇拜并行的特点更为突出。南北方的工匠信仰体系有明显差别，而传说又是信仰的对立与补充。

涂尔干（Durkheim）认为，"如果我们从物理的世界，从对自然现象的直观中寻找神话的源泉，那就绝不可能对神话作出充分的说明。不是自然，而是社会才是神话的原型。神话的所有主旨都是人的社会生活的投影。靠着这种投影，自然成了社会化世界的影像：自然反映了社会的全部基本特征，反映了社会的组织和结构、区域的划分和再划分。"威廉·巴斯科姆（William Bascom）则是在社会文化语境中来讨论神话、传说及民间故事的。神话、传说的信实性是指"传播它的人们认为它是真实的事实"。工匠传说，使其具有信实性是工匠信仰的社会文化语境，凭借这一语境，工匠巫术传说加强了营造社会体系的神圣性。神话、传说和民间故事之间的区分，将根据语境的的变化而发生反转。"神话或传说会从一个社会传入另一个社会，它可能会被接受而不被相信，于是变为从另一社会借过来的民间故事，而且有可能发生反转。这完全可能，即同一故事类型在第一个社会中可能是民间故事，而在第二个社会中是传说，在第三个社会中成了神话。……虽然如此，了解一个社会上的大多数人在特定时期相信何为真实是重要的，这是由于人们的行为是基于他们所相信的东西。"

注释：
① 2011 年 10 月 5 日笔者采集于邵武和平镇李金华木匠处。
② 2011 年 08 月 22 日笔者调查自龙泉市八都镇大坦村毛贤武木匠。
③ 2011 年 08 月 23 日笔者调查自龙泉市宝溪乡天师山天师庙施工的几个木匠，版本一中的毛贤武木匠也是他们师兄弟，当时作为他们师父的掌墨师傅也在场。

参考文献：
[1] ［美］维克多·特纳.仪式过程 [M].中国人民大学出版社.2006.
[2] 潘明兹.中国神话学 [M].上海人民出版社.2008.5.
[3] 中国民间故事集成全国编辑委员会，中国民间故事集成江西卷总编辑委员会.中国民间故事集成江西卷.2002.12.
[4] 陈庆浩，王秋桂主编.中国民间故事全集·云南民间故事全集.台北：远流处出版事业有限公司.1989.
[5] 中国民间故事集成全国编辑委员会，中国民间故事集成福建卷总编辑委员会.中国民间故事集成福建卷.2002.12.
[6] 中国民间故事集成全国编辑委员会，中国民间故事集成浙江卷总编辑委员会.中国民间故事集成浙江卷.2002.12.
[7] 中国民间故事集成全国编辑委员会，中国民间故事集成河南卷总编辑委员会.中国民间故事集成河南卷.2002.12.
[8] 中国民间故事集成全国编辑委员会，中国民间故事集成四川卷总编辑委员会.中国民间故事集成四川卷.2002.12.
[9] 中国民间故事集成全国编辑委员会，中国民间故事集成北京卷总编辑委员会.中国民间故事集成北京卷.2002.12.
[10] 中国民间故事集成全国编辑委员会，中国民间故事集成甘肃卷总编辑委员会.中国民间故事集成甘肃卷.2002.12.
[11] 中国民间故事集成全国编辑委员会，中国民间故事集成江苏卷总编辑委员会.中国民间故事集成江苏卷.2002.12.

[12] 中国民间故事集成全国编辑委员会，中国民间故事集成安徽卷总编辑委员会.中国民间故事集成安徽卷. 2002.12.

[13] 中国民间故事集成全国编辑委员会，中国民间故事集成黑龙江卷总编辑委员会.中国民间故事集成黑龙江卷. 2002.12.

[14] 中国民间故事集成全国编辑委员会，中国民间故事集成湖北卷总编辑委员会.中国民间故事集成湖北卷. 2002.12.

[15] 中国民间故事集成全国编辑委员会，中国民间故事集成湖南卷总编辑委员会.中国民间故事集成湖南卷. 2002.12.

[16] 中国民间故事集成全国编辑委员会，中国民间故事集成内蒙古卷总编辑委员会.中国民间故事集成内蒙古卷. 2002.12.

[17] 中国民间故事集成全国编辑委员会，中国民间故事集成山西卷总编辑委员会.中国民间故事集成山西卷. 2002.12.

[18] 陈庆浩，王秋桂主编.中国民间故事全集·江苏民间故事全集.台北：远流处出版事业有限公司.1989.

[19] 陈庆浩，王秋桂主编.中国民间故事全集·河南民间故事全集.台北：远流处出版事业有限公司.1989.

[20] 陈庆浩，王秋桂主编.中国民间故事全集·吉林民间故事全集.台北：远流处出版事业有限公司.1989.

[21] 陈庆浩，王秋桂主编.中国民间故事全集·新疆民间故事全集.台北：远流处出版事业有限公司.1989.

[22] 祁连休.鲁班传说故事集.百花文艺出版社.1980

[23] 金永法.中国民间故事全书 [M].知识产权出版社.2010

[24] 苏文清.三生万物与哈利·波特·三兄弟的传说——兼论杜贵晨先生的文学数理批评 [J].广州大学学报（社会科学版）2012年第11卷.

[25] 李雪.九天玄女管窥 [D].四川大学硕士学位论文.2005年.

[26] 李乔.中国行业神崇拜 [M].1990.161.

[27] 周扬总主编.中国民间故事集成·广西卷.中国ISBN中心：190.

[28] 杨丰羽.景德镇民间信仰文化景观研究 [D].景德镇陶瓷学院2012年硕士学位论文.

[29] 方李莉.血缘、地缘、业缘的集合体——清末民初景德镇陶瓷行业的社会组织模式 [J].南京艺术学院学报.2011年第1期.

[30] [法]列维·施特劳斯.结构人类学1·语言学和人类学中的结构分析 [M].张祖建译.北京：中国人民大学出版社.2006.

[31] [法]涂尔干.宗教生活的基本形式 [M].上海：上海人民出版社.2006.07.1.

[32] [美]威廉·巴斯科姆：《口头传承的形式：散体叙事》，载阿兰·邓迪斯编，朝戈金等译：《西方神话学读本（Readings in the Theory of Myth）》，南宁：广西师范大学出版社.2006年6月版，第11页，第13页.

[33] 蓝翔，主编.华夏民俗博览.西安：陕西人民教育出版社.1991.07

[34] 国民间故事集成全国编辑委员会，中国民间故事集成吉林卷总编辑委员会.中国民间故事集成吉林卷. 2002.12.

[35] 国民间故事集成全国编辑委员会，中国民间故事集成辽宁卷总编辑委员会.中国民间故事集成辽宁卷. 2002.12.

[36] 国民间故事集成全国编辑委员会，中国民间故事集成宁夏卷总编辑委员会.中国民间故事集成宁夏卷.2002.12.

[37] 中国民间故事集成全国编辑委员会，中国民间故事集成广东卷总编辑委员会.中国民间故事集成广东卷. 2002.12.

[38] 陈庆浩，王秋桂主编.中国民间故事全集·宁夏民间故事全集.台北：远流处出版事业有限公司.1989.

[39] 陈庆浩，王秋桂主编.中国民间故事全集·台湾民间故事全集.台北：远流处出版事业有限公司.1989.

[40] 陈庆浩，王秋桂主编.中国民间故事全集·广西民间故事全集.台北：远流处出版事业有限公司.1989.

[41] 陈庆浩，王秋桂主编.中国民间故事全集·山东民间故事全集.台北：远流处出版事业有限公司.1989.

[42] 陈庆浩，王秋桂主编.中国民间故事全集·浙江民间故事全集.台北：远流处出版事业有限公司.1989.

[43] 陈庆浩，王秋桂主编.中国民间故事全集·河北民间故事全集.台北：远流处出版事业有限公司.1989.

图片来源：

图1 根据文献30绘制
图2、图3 笔者自绘

作者：孙博文，上海商学院艺术设计学院讲师，博士毕业于同济大学建筑历史与理论专业

基于研究型人才培养的毕业设计教学实践与研究

岳岩敏　喻梦哲　林源

Development of the Course Graduation Project of Historical Preservation and Restoration Design works

■ 摘要：经过多年的课程建设与教学积累，西安建筑科技大学建筑学院的"中国建筑史"和"中国园林史"教学体系逐渐成熟，构建了理论课-实践课-设计课组成的递进式教学框架。结合学生的认知规律和教学计划的整体安排，将毕业设计作为终点，以培养拔尖的研究型人才为目标，选取具典型意义的建筑遗产和古典园林案例作为复原研究与设计的对象，形成了具有特色的研究型毕业设计专题，并取得了优异的成绩和数量可观的科研成果。

■ 关键词：毕业设计　研究型人才培养　建筑历史与理论课程体系

Abstract：After many years of course construction, at Xi'an University of Architecture and Technology, a teaching and research system of the architectural history and theory has established which is based on "The history of Chinese architecture" and "the history of Chinese garden". The framework consists of a series of courses in theory, practice and design. Combined with students' cognitive regularity and teaching plan of the overall arrangement, with the ultimate combination theory with practice for the finish line, to foster top research talents as the goal, selecting important ancient architecture and classical garden case to research and design, the distinctive research graduation design topics have been formed gradually, excellent results and considerable scientific research achievements have been achieved.

Keywords：Graduation design；Research personnel training；Architectural history and theory of curriculum system

引言

　　在建筑学科的专业教育中，理论素质与业务能力的培养具有同样重要的意义，近年来随着社会对于创新型、学术型人才的需求稳步增长，西安建筑科技大学在原有历史与理论课程体系的基础上有计划地逐步推进研究类毕业设计课程的教学实践，开设了"基于历史文献的建筑／园林复原研究与设计"专题，将建筑史研究领域内重要的研究热点及前沿课题引入毕业设计环节，促使教学与科研成果相互转化，本质上颠覆了唯知识记忆型的传统教学模式，已经构建出以培养研究型人才为目标的系列教学课程体系，并取得优异的成绩和丰硕的研究成果。

1 建筑历史与理论系列课程教学体系

西安建筑科技大学建筑学院建筑遗产保护教研室担负三个本科专业（建筑学、风景园林学、历史建筑保护工程）的历史与理论课程的教学任务，经过多年的建设已经建立起了以完整的"中国建筑史"和"中国园林史"为主体的建筑历史与理论课程体系。针对不同专业设计了平行递进式的教学架构，分别从纯粹史论性质的"中国建筑史"和"中国园林史"入手，经过细分的专业课程训练启迪学生思考所学知识，再藉由实践课程（如"古建筑测绘"与"古典园林测绘"）积累感性认识，进而完成阶段性的设计工作。以"由浅而深、由广到专、从理论到实践再到创作"的逻辑逐步讲授，以便于学生理解和掌握相关知识并切实将其转化为设计能力。结合认知规律和教学计划，针对性地在系列课程间制定有机、联动的框架（图1），从发现问题所需的专业敏感性到分析问题所需的综合素养再到解决问题所需的研究能力，全面奠定坚实的专业功底。

在此基础上，逐年推出了基于历史文献或考古资料的建筑遗址或古典园林复原研究与设计、遗址博物馆设计、历史街区保护与更新设计等着重学术意识培养和科研能力训练的毕业设计专题，选取在历史上具有典型性、代表性的重要建筑／苑囿遗址及现存的古典园林为主要研究对象，以指导教师在相关课题的研究基础上提出若干个主题统一的分题，由学生根据自身探索兴趣与专业积累进行选择的"互动"选题模式，指导教师的研究工作与学生的设计进程"同步"的教学指导模式，在各个节点延请文物保护、历史学、考古学、艺术史等相关专业领域的校外专家进行阶段性成果"答辩与讲评"的研讨／辅导模式，逐步积累了主题统一、形式丰富的系列成果。

2 研究类毕业设计课程的教学内容与教学成果

毕业设计选题的基本原则是教学互动、教学相长，结合国内外建筑史领域的发展导向，联系指导教师长期耕耘的科研领域，作为选题的基本范畴（总体上围绕建筑遗产保护与设计、建筑考古遗址复原研究与设计、古典园林复原研究与设计三大方向），确保系列教学与研究成果的延续性和深入性。

教学辅导过程中尤需解决的是研究方法与思路的总体性问题，因此，坚持研究先行、研究与指导同步的教学模式十分必要，师生共同分析问题、确定研究思路、提出解决方案，将课题的研究与设计过程同步推进，强化师生联系，同时提供了研究生、本科生共同参与导师同一课题、传帮带及切磋共进的可能。

当完成阶段性成果时，采用"答辩与讲评"的研讨与辅导模式，在各节点上进行汇报和讲评，既可提高学生方案汇报能力，也促进了不同毕设组之间的交流，同时便于教师通过点评和讨论解决共性问题。以此推动教学活动按计划开展，且对于最终成果的考评也是非常重要的，最终成绩由各环节得分加权平均，能够更为准确客观地反映毕业设计期间每名学生的实际状况。

从拔优的角度出发，复原研究与设计类的毕设题目因具有明显的难度，限定因素众多，所需知识储备较为庞大、专业，因此富于挑战性，在征集阶段往往能吸引当届最具研究兴趣与潜力的应届生，并在完成过程中实现兴趣培养和志向孵化，激发其学习热情，由感性而理性，由历史而现实。具体的研究课题多聚

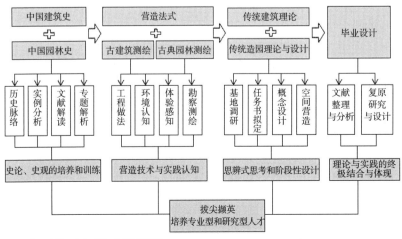

图1　中国建筑历史与理论系列课程框架

焦于重要的古典建筑与园林案例，一般都具备较为丰富的考古发掘报告或园记、园图等文献、图像资料，保证复原研究与设计工作始终在严肃的考辨基础上展开，一方面从素材上激发学生的探索欲，一方面从工作方法上培养其规范性，向其揭示科学、综合的研究方法，引导学生以多学科交叉的视野，主动、富于创造力地解决纷繁史料背后的重大历史问题，从史料考证、行为逻辑、场地分析、案例排比、历史地域特征总结等多个方面对复原设计方案进行比较、考察，在论证过程中充分领略学术研究的魅力，并不断扩充自身的知识领域和学术技能。指导教师通过带领学生前往基地现场调研或踏查相关实例，指导学生搜集和阅读文献资料，逐次深化、修改复原方案，并藉由讨论、分析、总结、汇报等规范程序推进研究，全面准确地挖掘课题的科学内涵。

毕业设计在教学、研究结合的环节中存在的一个主要问题是缺乏延续性，普遍做法是根据导师手头的科研课题临时展开，选题本身较为零散，使得毕设成果无法逐年积累，形成特色。为此，我们反过来以核定的系列选题为主干，逐年推进和形成一个特色化的毕业设计门类，并藉此培养与本专业对接良好的储备人才。自2008年以来的毕设课题，均以现存或已毁的重要古代建筑或园林景观作为复原研究对象，截至目前的两个系列，一是基于遗址发掘报告的隋唐时期皇家苑囿遗址的复原设计，二是基于历史文献研读的环太湖地区明清私家园林复原研究与设计。由于所选课题较为重要，便于设计成果向学术论文转化，完成相应课题的本科生通过与指导教师共同撰写、发表学术论文，切实提高了学术能力，指导教师也据此实现了科研工作的延续性。

在此类毕设工作中，我们广泛借鉴Studio自由分组、协同工作的操作模式，以研究对象、方法、资料等作为分组纲领，有机组合参与毕设的本科生，使其在相同或相关的大课题下各自承担独立、完整的子课题，既保证个性突出、个人成果鲜明，也鼓励团队合作，增进工作效率。以2016年的毕业设计为例，有两组题目，其一是汉中市东关历史街区的织补活化更新设计（图2），由两名建筑学专业和三名风景园林学专业本科生共同承担，分别从典型院落分析、建筑更新改造设计、公共空间整饬和景观设计的角度进行了三个分课题、五个设计题目，充分调动了学生各自的专业能力，学生在共同调研、理解街区规划定位的基础上完成各自方案，并在过程中互相学习、启迪，取得了良好的效果；其二是基于文献分析的江南私家园林复原研究与设计（图3），三名风景园林学专业的本科生在共同的研究方法和工作思路下，进行了不同案例的深入解析，在评点阶段性成果时也进行了活跃的内部研讨。其中多份毕业设计作品被推送至陕西土木建筑学会高校土建协会、全国风景园林专业指导委员会并在评选中荣获佳绩。

如前所述，研究型毕业设计的着眼点主要聚焦于学术型人才的培养，"授之以渔"的方法论的传授是其重点，同时使学生了解学界的规范做法和最新成果，要求学生严格遵循学术规范，为今后的科研工作打好基础。就设计成果的表达而言，充分重视传统手绘能力，强调通过图纸与手工模型的转换加强手脑沟通协调，

图2　2016年毕业设计作品"织补·活化——汉中市东关历史街区环境整治与景观更新设计"部分成果

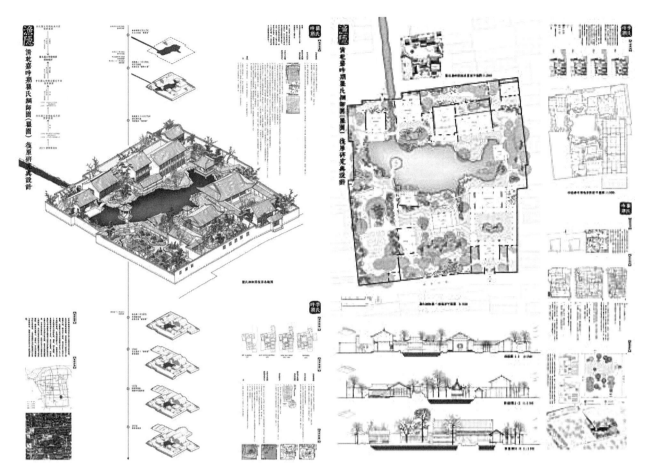

图3　2016 年毕业设计作品"渔·隐——清乾嘉时期瞿氏网师园（瞿园）复原研究与设计"

全面思考方案与历史环境关系的能力，这也是教师检验学生思维的严密与思路的清晰与否的一个重要方面。同样注重图示分析能力的养成，使基于文献的逻辑分析和思辨成果落于实处，使设计成果能够清晰表达而不流于空谈。

3　结语

　　西安建筑科技大学建筑历史与理论类课程的设置，为解决各课程间缺乏联系甚至内容重复的问题，以符合认知规律的教学链条串联系列课程，并最终落实到研究型毕业设计上，从而形成课程间、课程群落间的有机关联，循序渐进地达成培养目标。在教学方法上，鼓励学生在既定的知识框架之外主动学习、不断拓展专业认知。同时强调学生自主学习的能力，改变传统的以单向讲授和知识记忆为核心的机械教学模式，藉由教师指导、师生辩难，凸显其本来具足的思辨能力。通过阶段性的以任务为导向、以完成任务过程中的实时点拨为教学精要的工作方式，不断激发学生主动思索和解决问题、进而获得能力的提升与方法的自明，培养其勇于坚持原创观点的学术人格。

　　通过多年来的课程建设与成果积累，我们教学团队的建筑历史与理论系列课程的教学成果突出、教学效果明显，学生的毕业设计作品多次获得全国风景园林专业指导委员会、中国建筑学会城乡建成遗产委员会、陕西省土木建筑学会，以及台湾 TEAM20 作品推优、评优认可，并取得佳绩，成为学院本科建筑学教学方面的特色方向之一。

图片来源：

图 1 自绘
图 2 2016 级建筑学专业毕业生于东兴
图 3 2016 级风景园林专业毕业生李伊婷

作者：岳岩敏，西安建筑科技大学建筑学院，讲师；喻梦哲，西安建筑科技大学建筑学院，副教授；林源，西安建筑科技大学建筑学院，教授

避暑山庄清代盛期原貌数字化复原教学研究

吴晓敏　范尔蒴　吴祥艳　陈东

Study on the Teaching of Digital Restoration of the Summer Resort's Original Appearance in the Qing Dynasty

■ 摘要：中央美术学院与承德文物局共同主持的《避暑山庄清代盛期原貌数字化复原教学研究》课题组，至今已完成 9 组园中园的复原，另有多组正在进行中。计划今后 5 年中对避暑山庄内约 30 组已毁建筑群进行复原，通过文献图档考证和遗址勘察，逐一绘制复原图，制作数字模型、数字动画、数字界画、版画、实体模型；在今后 10 年内完成避暑山庄建筑群在清代盛期山形水系、园林建筑、装修陈设、植物配置等的复原和艺术表现，实现建筑史研究与绘画的跨界融合。

■ 关键词：避暑山庄　数字化复原　数字模型　数字动画　界画

Abstract：The research group of "Study on the Teaching of Digital Restoration of the Summer Resort's Original Appearance in the Qing Dynasty", co-chaired by Xiaomin Wu, Ershuo Fan, Xiangyan Wu of the Central Academy of Fine Arts, and Dong Chen of the Chengde Cultural Relics Bureau, has so far completed the restoration of 9 groups of gardens, and many others are still in progress. In the next 5 years, 30 groups of destroyed buildings in the Summer Resort are planned to be restored, and through document verification and site investigation, restoration maps and digital paintings will be drawn one by one, digital models, digital animations, prints, VR, entity models will also be produced. In the next 10 years, the restoration and artistic expression of the mountain and water system, garden architecture, decoration and display, and plant configuration of the Summer Resort in the Qing Dynasty will be completed, and the cross-border integration of architectural history research and painting will be achieved.

Keywords：Summer Resort；Digital restoration；Digital model；Digital animation；Ruler painting

中央高校基本科研业务费专项基金资助（项目编号: 20KYZY021）

一、研究背景与现状

承德避暑山庄从清康熙四十二年（1703）起，经过八十多年的大治营建，形成了包括 3

组宫殿、15座寺庙、50组庭园、73个亭子、10座城门和100余座桥闸等在内的庞大建筑群，总建筑面积达10万多平方米。避暑山庄规模在现存中国古典园林中最为宏大，总面积564公顷，其中山区面积约为430公顷，占用地总面积77%左右；湖区面积为80公顷，占总面积14%；平原区为50公顷，占9%。共有宫门6座，避暑山庄的营建基于"江南塞北巧安置，移天缩地在君怀"的宫苑建置理念，全面集中了当时建筑群规划与单体建筑设计的精华，不仅代表着中国古典园林设计的最高水平，同时也是18世纪世界园林成就的杰出代表，名列联合国世界文化遗产名录。

然而，这座"南秀北雄"的皇家园林在清末国力衰微之后历经野蛮劫掠与破坏，至解放初期原有建筑近90%被毁。到目前为止，康乾72景虽已恢复55景，园林植物景观也恢复到原貌的65%，但各种因素仍在导致某些保护修缮错误和损坏。避暑山庄内现存44处古建遗址，其中很多都曾是标志性园林，现在只能通过凭吊遗址去遐想了。

与此同时，长期以来对避暑山庄的研究大多局限于理论性描述，测绘整修也仅仅针对现存建筑，少量原址上复建的建筑也还存在问题。对于大量损毁严重和基址无存的建筑，以及对已经湮灭的山形水系经营意图的文献性复原研究近年鲜有进行，对遗址的勘察测绘和复原设计绘图工作更亟待全面开展。这种现状与避暑山庄在世界文化史和建筑史上的地位是完全不相称的。

针对这一状况，中央美院建筑学院吴晓敏、范尔蒴、吴祥艳和承德市文物局陈东合作开展了旨在直观再现避暑山庄清代盛期（主要是康乾时期）原貌的研究课题，绘制避暑山庄内30组园中园及宗教建筑的复原图和界画，对山形水系、假山、桥闸等重要园林要素进行复原研究，并据此制作反映避暑山庄清代盛期原貌的复原数字模型、数字动画、VR和界画、版画等。计划在此后五至十年内最终全部复原避暑山庄园林建筑及山形水系在清代盛期的风貌，学术科普兼顾，使游客在游览避暑山庄现存遗址时，能通过手机平台欣赏盛世园林景象，再现这一微缩了中国版图的皇家园林的盛世绝响。

二、研究特色

在避暑山庄相关研究中，存在许多问题和空白：第一，学术界大多偏重于文献考证和理论描述，实地的勘察测绘和考古复原很少，多年来高质量的测绘图集仅有天津大学的《承德古建筑》；第二，已有成果中对于山庄保存完整和已经复建的建筑考据和叙述多，而对于已经残毁的建筑均语焉不详；第三，已有成果中对于建筑的时代背景、建置缘起及建筑形制的论述多，而对建筑的设计思想及建置过程不甚了解，而事实上这些内容在宫廷档案中大多都有极为详备的记载可查；第四，关于避暑山庄山形水系、地貌营造、植物配置及环境规划的系统研究很少；第五，诸多研究基于避暑山庄的建筑现状，而非基于山庄最繁荣的时期——康乾盛世的原貌进行，避暑山庄在清代盛期的原貌，即本课题研究的主要范围，在当前研究中仍属明显薄弱环节；第六，在2018年5月在中国园林博物馆举办的避暑山庄和外八庙珍宝展上可以看出，对避暑山庄开展数字化复原研究，并将成果进行图像化、视觉化、科技化表达，是当前研究亟待填补的空白。

在此前提下，我们提出将建筑史研究+现代科技手段+绘画造型三方面结合：综合建筑史、园林史、文史考古、建筑测绘、中国古建筑设计、计算机建模、中国山水画、界画、木刻版画及样式雷图样等进行跨学科研究；采用三维激光扫描、无人机等现代化测绘手段进行遗址测绘；采用计算机辅助设计和3D技术进行复原研究；使用实测图、数字复原图、手工实体模型、3D打印模型、数字三维动画展示数字化复原成果；使用能够反映出造型艺术学科特点的手工着色模型（烫样）、手绘界画、多角度数字界画和木刻版画来进行艺术再现。课题成果的表现将联合建筑史研究人员（复原研究）、古建筑设计人员（复原设计）、中国传统山水画家（界画素材绘制）、版画家（图咏版画制作）、雕塑家（手工模型地形雕刻）共同开展。相对于传统的研究方法，本研究的特色在于更加强调复原研究成果的艺术化视觉表达。这些建筑制图和绘画手段并用的表现成果将填补避暑山庄在艺术图像表现领域的空白。目前绘制手工界画和不同角度的数字界画已经完成部分成果（图1），版画正在准备之中；将在原有木刻版画《御制避暑山庄图咏》的基础上，将原来没有木刻版画的园中园和宗教建筑根据复原研究所得的精确数字模型选取适当角度，刻版制作木刻版画。

（1）　　　　　　　（2）

图1　课题组画家尹文华正在手绘界画

三、研究进展

2008 年始，《避暑山庄盛期原貌数字化复原研究》这一课题开始筹备。2009–2011 年，课题组在王世仁先生的指导下，完成了避暑山庄山区《青枫绿屿》《静含太古山房》等 7 个园中园的前期复原制图工作；并于 2014 年开始和承德文物局陈东开展合作研究；2016 年来课题组指导硕士研究生陆续完成了避暑山庄宫殿区（《清音阁》）、避暑山庄湖区（《清舒山馆》、《香远益清》）、避暑山庄山区（《梨花伴月》、《清溪远流》、《食蔗居》、《秀起堂》、《碧静堂》、《山近轩》）等 9 组的复原与制图；另有《如意洲》、《临芳墅》、《戒得堂》、《宜照斋》、《珠源寺》、《广安寺》、《广元宫》、《永佑寺》、《汇万总春之庙》、《烟雨楼》、《文津阁岛》、《有真意轩》、《澄观斋》等点状课题均在进行之中，横向课题《山形水系》、《山庄桥闸》、《假山》等也已开始。其他如《同福寺》、《旃檀林》、《碧峰寺》等点状课题及《植物配置》、《建筑法式》、《建筑选址与布局》、《匾额楹联》、《外檐装修》、《内檐装修》等横向课题有待开展（图 2）。未来五年内研究成果将以三十余组研究论文、复原图、界画、版画、数字模型、数字动画和实体模型来表现，并期望重新绘制《避暑山庄及周围寺庙全图》，反映其在乾隆盛期"移天缩地在君怀"的宏伟图景。避暑山庄复原研究将具备前所未有的规模。已经完成的部分成果如下：

（一）避暑山庄宫殿区：清音阁建筑群

清音阁建筑群位于避暑山庄宫殿区，在正宫松鹤斋所处山冈之下，后边紧靠湖水。清音阁建筑群作为避暑山庄中一组重要的宫殿建筑群，跨越了康熙、乾隆两个时期而建置，是皇帝理政、宴客、听戏之所，包含了演戏、宴客、理政等多重文化、政治、经济功能，不仅是乾隆等历任皇帝驻跸避暑山庄时经常光顾之所，也是各国各地藩王使者入清觐见皇帝必来之地。其中的清音阁作为中国建筑史上为数不多的三层戏楼，与北京故宫的畅音阁、颐和园的德和园、圆明园的同乐园，被誉为清代"崇台三层"四大戏楼。由于舞台布置复杂精细，清宫连台本大多在此上演，它从技术上推动了戏曲艺术的成熟，见证了晚清的戏曲文化高峰。

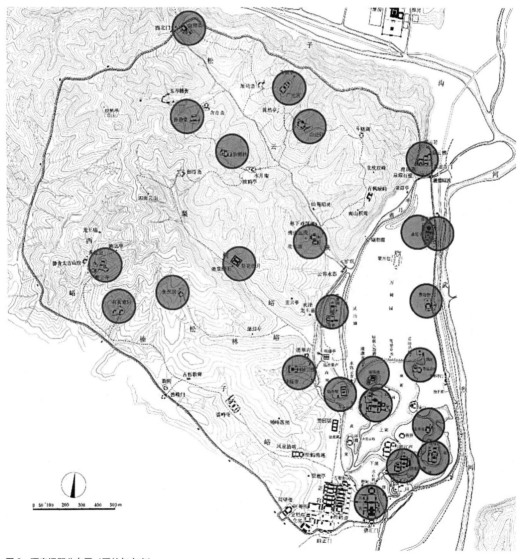

图 2　研究课题分布图（园林与寺庙）

清音阁建筑群于 20 世纪 40 年代毁于火灾。现主要建筑物遗址已被归安，是山庄内最大且最重要的一处遗址区域。本研究收集与整理了清音阁建筑群相关的宫廷地方档案、官员使臣的私人记叙、近现代的古建筑研究和摄于 20 世纪中叶的老照片等文献，在勘测遗址的基础上，梳理清音阁建筑群的历史发展脉络，并根据内务府陈设档等档案判断各单体建筑的建置年代和背景；结合对乾隆生活方式的挖掘和清宫文化的研究，对清音阁建筑群的使用功能进行了研讨，根据历史文献、测绘图纸、历史影像、遗址记录、出土构件等资料，对清音阁建筑群进行数字化复原（图 3）。

（二）避暑山庄湖区：清舒山馆和香远益清建筑群

清舒山馆肇建于康熙四十八年（1709 年），位于避暑山庄湖区东南部，是山庄湖区东扩后增建的建筑组群，时为康熙皇帝居住修学之所。乾隆时期将其中的颐志堂、畅远台和静好堂三处纳入乾隆三十六景之中，可见其在避暑山庄中地位之重。清舒山馆建筑群整体布局比较严整，南北两条并列的轴线排列围合构成东西两组院落。两组院落前后相错，院落层次分明，并以游廊环绕，庭内植物茂盛、清幽舒雅。东部的畅远台临近湖岸，顺势而择地形，建筑平面大致呈 S 形，为清舒山馆最具园林意境的景点。清朝盛期皇帝、太子常在此修学、赏景、用膳、处理朝政。清末闲置荒废，现仅存遗址。本研究在对清舒山馆进行复原的同时，还将其与圆明园内的同源景观——汇芳书院进行对比分析，通过研究其建置的年代、特征，分析其布局构成，深入探究清帝在营造两处园林时的各自意图，探寻其设计立意和思想渊源（图 4（1）、图 4（2））。

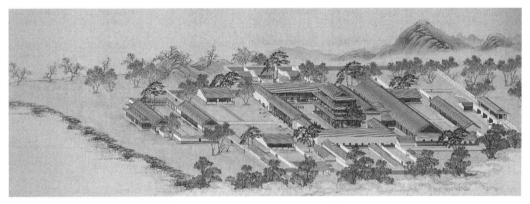

图 3 《清音阁》复原鸟瞰（李梦祎　绘）

（1）《清舒山馆》复原鸟瞰图局部　　　　　　　　　　　　　　　　　（2）全图

图 4 《清舒山馆》复原鸟瞰图（申明　绘）

香远益清建于康熙四十七年（1708 年）至康熙五十年（1711 年）间，位于避暑山庄湖区北部，在热河泉源南岸、澄湖东岸、金山以北，是康熙三十六景中的第二十三景，内有香远益清殿、紫浮殿、依绿斋、流杯亭四座主体建筑。康熙时期的香远益清"前后有池，中植重台"，特别是在紫浮殿与门殿之间的水池中种植名贵莲花，为山庄之冠。康熙皇帝常在此休禊、赏荷，整座园林为颇具文人气息的水院布局。至乾隆十七年（1752 年）修建了单檐方亭含澄景；乾隆四十五年（1780 年）为迎接西藏六世班禅喇嘛朝贺乾隆皇帝七十大寿，将此地改为"梵香花雨"的藏式陈设佛堂，又添建了"梵香室"殿。六世班禅曾在紫浮殿为乾隆皇帝举行了"白胜乐金刚长寿灌顶"仪式。香远益清建筑群于清末塌毁无存。本研究对香远益清建筑群的历史沿革和功能变迁进行考证，探讨了康熙和乾隆时期不同的功能布局，并重点对乾隆盛期的建筑原貌、内檐装修和室内陈设进行了复原（图 5）。

（三）避暑山庄山区：梨花伴月、清溪远流、食蔗居、秀起堂、碧静堂、山近轩建筑群

避暑山庄山区由五条沟峪组成，由北向南，依次为松云峡、梨树峪、松林峪、西峪及榛子峪。

梨花伴月建筑群位于避暑山庄西北部山岳区的梨树峪，建成于康熙四十七年（1708 年）之前，是山庄山区建置较早的建筑群，地理位置优渥，景观视野优美，夏季清爽宜人。梨花伴月建筑群是清代皇家园林中最为方正的院落之一，平面图布局规整对称。由于建筑群依山筑室而获得丰富的竖向变化，建筑沿等高线排列组合，重重院落中开敞与幽邃并存；两侧山房也随势跌落，整体建筑形象极为活泼而富于韵律。梨花伴月建筑群从康熙时期开始作为书屋，其中的澄泉绕石、梨花伴月分别为康熙三十六景中的第十四景和第二十九景。乾隆二十六年（1761 年）始对梨花伴月建筑群进行大修，并将其中的永恬居、素尚斋列为乾隆三十六景中的第三十五景和第三十六景。梨花伴月建筑群前后存世 200 年，于民国二十五年左右损毁。目前通过现存老照片的特定角度，仅能依稀辨识梨花伴月建筑群层层叠落的特殊建筑外观，但其内部空间布局、单体建筑形式、室内陈设等不详。本研究以王世仁先生 1970 年代的初步复原成果为出发点，通过对于梨花伴月建筑群的历史沿革和功能变迁进行考证，探讨梨花伴月建筑群规整对称、因山叠置的规划形式在清代中前期兴盛的原因，并通过数字化复原呈现其丰富的建筑群空间布局和独具特色、清秀典雅的建筑形象（图 6）。

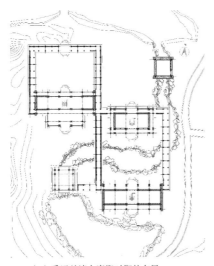

（1）香远益清在康熙时期的布局

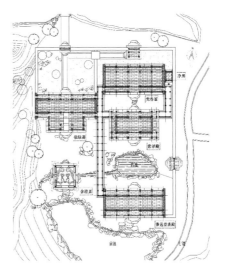

（2）香远益清在乾隆时期的布局

图 5　香远益清在康乾时期的布局（姜英杰　绘）

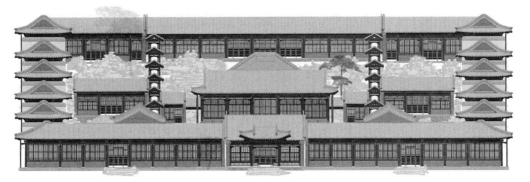

图 6　穆高杰，《梨花伴月》建筑组群立面复原图

清溪远流是位于避暑山庄西北处松云峡入口处峡谷地带的一组山地建筑群,整体规划布局因地就势,与山区自然环境融为一体。院落之前为峡谷主路,有溪流经过,院后以山为背,山上建亭。其建造跨越了康雍乾三个时代,布局规整,是避暑山庄中经典的庭院式山地园林之一,主体建筑"清溪远流"与"凌太虚""含粹斋"共同组成乾隆年间所题名的乾隆三十六景之第二十八景"凌太虚"。建筑群的功能为皇帝研究书文、写诗以及观景之所。整座园林毁于清朝末年,现仅存遗址,相关研究考证极少,使这座精致的庭园消失在历史的迷雾之中已久。本研究通过对现存遗址的勘察和测量,结合对历史文献、清宫档案、宫廷绘画等文献的载述描绘,对清溪远流建筑群进行复原研究;并通过陈设档、裱糊记录以及历史照片等资料对清溪远流建筑群的外檐装饰、内檐装饰以及陈设做出了详细复原(图7)。

乾隆二十年(1755)后,弘历大力经营避暑山庄西北部的山岳区,以沟峪为骨干,营建了二十多处建筑群,这些建筑群的布局均与山形地势和自然环境完美契合。

食蔗居始建于乾隆二十五年(1760),于次年乾隆五十岁时建成,位于避暑山庄西北方的松林峪,是一处小巧优美的山地园林,颇具江南园林的隐逸风韵。食蔗居建筑群的主体建筑有食蔗居大殿、小许庵配殿、倚翠亭、松岩亭、门殿、游廊等。食蔗居之名表达了渐入佳境之意,既与它所处的地形地势有关,也有来源于顾恺之的典故。本研究从食蔗居建置时期的社会时代历史背景出发,探究食蔗居的建置缘起和问名立意;分析其依山就势的自然式规划布局和多重复合空间游线的设置;依据历史文献、清宫档案、遗址测绘图等资料对其原貌进行数字化复原,并对以往王世仁先生等学者的复原研究

中可能存在的问题提出商榷。

秀起堂建于乾隆二十七年(1762年),位于避暑山庄西北部山岳区的西峪,是各条沟峪中最大的一组山地园林,也是避暑山庄乾隆时期山地园林的典范。秀起堂北倚高峰,南邻溪涧,再南又有小丘横卧;建筑选址坐北朝南,风景视线极佳。秀起堂建筑群高差大,层次丰富,借由高差被分成两进院落。第一进院落由门殿、敞厅、经畬书屋以及一系列游廊组成;第二进院落由振藻楼、绘云楼、秀起堂以及一座歇山顶方亭组成。建筑群虽目前仅存遗址,但依然能看出整体规划布局因山叠落、跨水而筑、回廊楼台、开阔流畅的优美意象。本研究通过对秀起堂的山水地形、空间构成、造园手法、园林意境等进行系统研究,总结乾隆时期山地园林的造园手法,并对秀起堂起承转合的规划布局和筑台而构的建筑单体进行数字化复原。

碧静堂建筑群位于避暑山庄山岳区的人参峪深处,始建于乾隆二十八年(1763年),毁于清朝末年,现仅存遗址。碧静堂是一处小巧而灵活的园中园,建筑的功能为小憩和观景,没有寝居、政务等功能。为了适应这一需求,碧静堂在园林设计上有很多独特之处。在选址上,碧静堂地处植被茂密、地形复杂的阴坡山林地,院落跨越在三山夹两沟的复杂地形上,南北落差达12米,山谷中古松林立,山泉喷瀑,古朴而清幽。在园林规划布局上,碧静堂摆脱了传统建筑设计轴线对称、庭院四合的束缚,创造性地采用倒座形式和近似圆形的不规则的院落布局形式,并根据地形因地制宜散点布置各主要建筑,建筑布局均衡但不对称。在建筑设计方面,园内只有八角亭门殿、净练溪楼、松墅间楼、碧静堂和静赏室、游廊等六个主要建筑,而且各建筑体量较小,外观简单、

(1)清溪远流鸟瞰图

(2)清溪远流东侧立面图

(3)清溪远流北侧立面图

图7 清溪远流复原图(黄畅 绘)

自然朴素，没有太多雕饰，色调以青灰色为主。但在为数不多的建筑中却规划了净练溪楼、松壑间楼两座小楼，一个用来俯瞰山涧溪水，另一个用来揽胜松林大壑，建造目的明确，景致各有千秋。在建筑室内装修上，碧静堂力求布局简单、功能实用，但陈设装饰却奢华贵重，是避暑山庄园林建筑室内装修风格的典范。碧静堂创造性的相地选址、叠石理水以及出色的营造技术和艺术手段，使这一山地园中园突破了传统御苑园林的常规造园手法，汲取了江南私家园林因地制宜的设计理念，采用灵活多变的建筑布局和恬淡雅致的园林风格，布局简单、建筑精练、山水植物浑然天成，成就了一座设计独特、风格质朴的园中园，成为清代皇家园林乃至中国古典园林中极为独特的一例。

山近轩建于乾隆四十一年至四十四年（1776—1779年），是乾隆后期营建的大型山地园林，位于避暑山庄山区西北，松云峡北麓一处东高西低的山坡面上。西侧下临山涧，东侧后靠山坡，面西与广元宫遥遥相望。此时的乾隆皇帝见闻广博，营建经验丰富，胸怀丘壑，拥山林之志，山近轩的营造体现了他高雅的文化艺术修养。整座园林呈组团式分布在四层台地上，依山就势，高下互妙，为山地园林之中的佳构。山近轩的主要功能是读书、赏景的书轩，六座主要建筑类型各异，各有特色。开朗、旷达者曰"山近轩"；安静、幽深者曰"清娱室"；景奇、窈窕者称"簇奇廊"；可远望者谓之"延山楼"；据高地者谓之"养粹堂"；有松苍然相邻者则名"古松书屋"。假山是山近轩庭园景观的最大特色，其中既有山石堆砌假山，也有原有的真山石刻削而成的假山。假山不仅点景，也作为连接各殿座的蹬道，

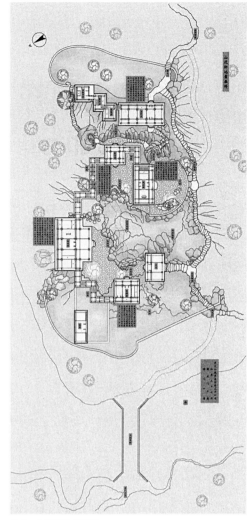

图 8　山近轩地盘图样

尤与建筑、游廊相结合，形成"山中更近山"的游览体验。山近轩毁于清末，现仅存遗址。本研究广泛收集整理历史资料，梳理文字档案，解读清代画作，多次勘测遗址，并偶然在一幅缂丝绣片上获取了山近轩迄今为止最为完整的全景图。在此基础上梳理了山近轩的基本概况及历史文脉，复原了山近轩的基址、总体规划、园中各殿座建筑单体形制、外檐及内檐装修、室内陈设及园内的主要景观元素（图8）。

对避暑山庄清代盛期原貌进行数字化复原和艺术再现，一方面是为呈现中国古代建筑文明曾经达到过的高度辉煌，提高当前我国社会对于民族传统文化的自信；另一方面，也是为避暑山庄今后的文物和环境保护、复建和可持续发展进行最基本的准备工作。避暑山庄之中所体现出的中国古代传统园林营造方法，对于现代中国社会仍具有巨大的潜在价值，将为中国当代建筑创作提供借鉴和注入活力。

参考文献：

[1] 王世仁.当代建筑史家十书.王世仁中国建筑史论文集（M）.沈阳：辽宁美术出版社，2012：492.

[2] 吴晓敏.因教仿西卫，并以示中华——曼荼罗原型与清代皇家宫苑中藏传佛教建筑设计的类型学方法研究（D）.天津.天津大学，2001.

图片来源：

图 1- 图 8 均为研究者绘制

作者：吴晓敏，中央美术学院建筑学院教授，博士生导师，中央美术学院圆明园研究中心执行主任；范尔蒴，中央美术学院建筑设计研究院副教授；吴祥艳，中央美术学院建筑学院副教授；陈东，承德市文物局正高级园林工程师

建造史视野下的"形制与工艺（近代部分）"课程探索

潘一婷

Teaching "Historic Building Construction (1840-1949)" within University Education in Architectural Conservation

■ 摘要：本文结合苏州大学历史建筑保护工程专业"形制与工艺（近代部分）"的教学实践，探讨将"建造史"作为创新教学内容的切入点，把中国近代传统营造和西方科学建造放在中西比较的视野下进行诠释的课程思路。除介绍西方建造技术与形式的发展脉络，还重点阐释西方影响下的中国近代历史建筑的内容。本课程的主旨，一是让学生了解历史建筑是如何建造起来的——这些历史建筑将可能成为他们未来工作中朝夕相处的保护对象；二是使学生了解保护历史建筑需要运用恰当的方法和材料——这些往往与历史的建造方法和传统材料有密切关系。本课程的实践环节包括：历史构造抄绘、历史图纸释读及模型复原、工艺体验及过程报告、风格梳理、案例调研和分析等。

■ 关键词：形制与工艺　建造史　建造学　中西比较　工艺体验

Abstract：This paper discusses the teaching approach adopted within the undergraduate course "Historic Building Construction (1840-1949)" offered to the third-year students in Architectural Conservation at Soochow University. The course covers the development of Chinese modern architecture under Western influence, with traditional Chinese and contemporary Western construction techniques and forms served as comparative references. A primary aim of the course is to let the students understand the building process underlying historic architecture of this period, particularly in relation to its subsequent role in heritage conservation. Additionally, the course aims to make the students understand that the building conservation requires the use of appropriate methods and materials, which are often closely related to historical construction methods and materials. The practical aspects of the course include：a) redrawing of historic construction details, b) interpretation of historic drawings and modeling experiments, c) craft experiments, d) style studies, e) on-site surveys and case studies.

Keywords：form and craft, construction history, Building Construction, Sino-Western comparison, craft experiment

基金项目：
[1]国家自然科学基金青年项目"基于建造学视角的中英近代建筑比较研究"（编号：51708376）
[2] 2019年苏州大学高等教育教改研究课题一般项目"国内外建筑遗产保护专业比较研究"

一、背景与问题

苏州大学 2016 年在建筑学院下成立的 4 年制"历史建筑保护工程"本科专业,引进和参考的是中国首个历史建筑本科专业——同济大学历史建筑保护工程(2003 年第一届招生)的课程体系,并进而采用了与之相似的"历史建筑保护概论"、"历史建筑形制与工艺"、"保护技术"、"专题保护设计"等为核心专业必修课程的培养主线。这样的设置,对建筑保护知识的覆盖比较完整,较清晰地呈现出有中国特色的历史建筑保护本科教育的四个模块。这与英国历史建筑保护学会(IHBC)对保护教育的标准[1]相对应,为中英(西)建筑保护教育较为顺畅的横向对话以及学生未来出国深造都创造了有利条件(表 1)。

苏州大学历史建筑保护工程课程按英国 IHBC 四个保护教育模块分类表　　　　表 1

英国保护教育要求		苏州大学历史建筑保护工程专业课程		
IHBC 主要模块	IHBC 能力指标	大类基础	专业核心必修	专业选修
了解建筑保护哲学发展史、保护理念,以及保护历史环境的立法	(1)哲学理论; (2)实践; (5)法规与政策	建筑设计原理 城乡规划原理	历史建筑保护概论 保护法规与遗产管理	历史环境城市更新研究 江南古城镇研究 苏州古城遗产保护
通过考察建筑的材料构造与风格,测绘、记录和分析历史建筑的历史沿革	(2)实践; (3)历史; (4)研究、记录与分析	画法几何及阴影透视 设计素描 设计色彩 外国建筑史 中国建筑史 中国园林史 建筑构造 建筑材料与施工	历史建筑形制与工艺 保护技术(一) 历史环境实录	中国古建筑构造 建筑摄影艺术
了解保护修复技术方面实际可行的信息,并有机会体验传统材料的运用	(1)哲学理论; (2)实践; (4)研究、记录与分析	建筑力学 建筑结构 建筑物理 建筑设备 建筑安全与防灾	保护技术(二) 保护现场实习	绿色与节能建筑
进行历史环境(街区、史建筑、历史景观,以及历史建筑室内)设计	(1)哲学理论; (2)实践; (3)历史; (4)研究、记录与分析; (5)法规与政策; (6)设计	设计基础 建筑设计 专题建筑设计 计算机辅助建筑设计	专题保护设计 保护经济与工程造价 毕业实习 毕业设计	园林植物及应用

鉴于国外较为成熟的保护教育对历史材料和历史建造技术的教学都非常重视,因此苏州大学历建专业也加强了"历史建筑形制与工艺"的课时比重,整个课程设置了 72 学时,对半分成古代与近代两部分,1–8 周上古代部分,10–17 周上近代部分,每周 4 课时,理论授课和实践环节各占一半。古代部分有李浈的《中国传统建筑形制与工艺》教材[2],主要依据"建筑是在意匠的支配下,选择材料,利用工具和技术的成套生产过程"的形制与工艺的视角。近代部分国内并没有现成的教科书,具体应如何教?如何在苏州教?同其他建筑保护核心课程如何衔接的问题,成了笔者设计课程大纲时的一个重要挑战。一方面,针对近代建筑这样一个讨论范围,如果只是将其发展成针对保护本科生的"外国建筑史"以及"近代建筑史"的进阶深化的课程,在保护培养模块中难以自立,而且对未来将从事建筑保护的学生而言,这样的课程定位也不恰当。另一方面,与古代建筑部分不同,中国近代建筑(1840–1949)受西方影响,在同一门课程的教学中是否需要打通和如何打通中西建筑史两者之间的关系?为学生提供恰当的"世界"视角,是重点也是一个难点。

二、课程构思

笔者尝试把"建造史"作为创新教学内容的切入点,期望将上述挑战转化为建筑遗产保护教学探索的一个契机。"建造史"的概念是英国建筑史学家萨默森爵士(Sir John Summerson,1904—1992)在 1985 年首次提出的,后逐渐发展成为关注"建成环境各个方面的历史和演变——创建、维护和管理的研究。"从遗产保护的角度,英国学者艾尔斯(James Ayres)认为,建造的目的是为了更好地认识建成环境,这种认识是直接与建造方法和材料相关的。邓凯尔德(Malcolm Dunkeld)1987 年提出的建造史概念框架,吸收各种其他学科的方法,关注建造过往的多种认知维度(表 2)[3]。

邓凯尔德的建造史概念框架（1987）	表 2

"直接方法"	方法述要
"结构设计史"	是把建造看成一个技术过程
"建筑实践史"	把建造当做一种生产形式，考察建筑建成的全过程
"职业发展史"	它实际上是关于某种职业的形成与发展史
"社会变革史"	关注塑造和改变"建成环境"的社会经济原因
"工程经验史"	是把建造史作为指导当下工程师实践的工程经验总结史
"经济活动史"	这是基于一种将经济划分成部门，由此评价各个部门对国民生产总值的贡献为前提的方法
"建筑技术发展史"	研究技术变化程度以及对技术改变原因的解释

"间接方法"	方法述要
"资本主义社会变革史"	基于封建社会如何向资本主义时期转变的理论
"劳工史"	但其概念根基属于历史学下面的劳工史、劳动阶级史
"发展理论"	关注建造和发展的关系，针对"第三世界"国家的建筑工业的建立和发展，或针对建筑工业在经济发展中的角色。这种方法是基于一种国家规划的视角，建筑工业被看成是一种稀有资源的使用者，或者被看成一种经济增长的重要贡献者
"城市史"	20世纪60～70年代城市史在英国的兴起意味着一种将建造史归入城市历史研究范围的尝试
"经济史"	因建筑业在经济学上的重要性，而获得经济史学家一定的关注

在建造史视野的启发下，本课程的主旨确定为：一是让学生了解历史建筑是如何建造起来的——这些历史建筑将可能成为他们未来朝夕相处的保护对象；二是使学生了解保护历史建筑需要运用恰当的方法和材料——这些往往与历史的建造方法和传统材料有密切关系。

在内容安排上，笔者把近代部分课程定位为针对近代保护对象的"建造法"的学习。但同时强调系统思考，使学生不仅关注近代历史建造的实体层面——包括历史材料及其建造技术，也关注人在其中起的作用，即社会层面——包括工匠组织、营造工具、教育与营造手册。使学生不仅看到建筑在历史中的形式和风格的变迁，还意识到材料、工具、技术、经济政治、文化思潮等的进步在建筑形制变化背后协同作用的复杂性，在微观层面，也能意识到每个建筑都代表了一个如纪录片一般、具有"丰富历史细节"的建造过程。在中西影响的问题上，中国近代建筑可谓西方科学建造和本土传统营造在近代中国特殊的社会、经济和自然环境下的独特创作，具有"非本土"而又"本土化"的技术特征和规律。把中西建造学的材料和技术，放在中西比较的视野下进行诠释，才能更好地使学生认识世界视野下的中国近代建筑技术发展状态。

这样的课程定位，为遗产保护专业的学生提供了学习"历史建筑形制与工艺（近代部分）"的动因：(1) 加深对作为保护对象的近代历史建筑的理解；(2) 对西方建造工艺和构造的学习帮助加深对中国近代历史建筑的认知；(3) 提供了历史建筑测绘实录新的观察与分析内容；(4) 避免只重表皮，不重历史建造方法的破坏性"保护"；(5) 发现近代建造理性，探索有利于近代建筑的保护标准，并探讨传统材料和技术在当今社会的传承和创新；(6) 是一个具有国际视野和发展潜力的未来深造和研究方向。

三、课程组织

根据上述课程构思，本课程将8周的课程分成导论、木材采运与木构工艺、造砖与砖石工艺、钢铁与混凝土、工匠组织、工具、建筑形制等7个专题。针对每个专题，不仅介绍西方建造技术与形式的发展脉络，更重点阐释西方影响下的中国近代历史建筑的内容，使学生在比较中理解相互之间的关系。

本课程的实践环节包括：(a) 历史构造抄绘 (b) 历史图纸释读及模型复原 (c) 工艺体验及过程报告；(d) 风格梳理 (e) 案例调研和分析等。(a) 和 (c) 属于个人作业，作为木结构和砖石结构专题课后练习，历史构造抄绘加深学生对近代（西方）木结构和砖结构构造做法的认识。而鉴于建造技艺在保护中的重要性以及传统知识性授课的局限性，通过选取一种典型且操作性强的近代工艺，让学生体验工艺操作过程，并学习如何记录工艺过程。(b) 和 (d)、(e) 属于小组合作大作业。历史图纸释读及模型复原是一个大综合项目。近代历史建筑的图纸多为英文标示，因此学生需要学习建造学英文术语。学习近代建造学术语更重要的目的，是从近代建筑师和工匠的视角，来看待近代建筑。在这个思路下，该作业不仅训练学生解读历史图纸和辨认、翻译中英文建造术语的能力，还可以通过模型制作让学生了解一座近代建筑"复原建造"的全过程。对位于苏州的一座近代建筑案例进行调研和分析，是另一个大综合的实践题，帮助学生在遗产现场辨认各种历史材料和建造技术，并与风格梳理结合，同时进行综合分析。

在授课方式上，采用理论讲授（L）、模型制作（M）、讨论会（S）、工艺体验或纪录片观摩（C）、分组案例汇报（P）、论文写作（W）6种不同形式，其目的首先是调动学生对近代建造法的兴趣，并提供了更多师生之间、学生之间的交流互动。其次，这种多维立体的训练方法，包括讲座（知识）、讨论会（交流）、汇报（表达）、论文（梳理、思辨与综合）等，有助于培养学生可转移的技能（transferable skills），并使学生有可能将这些技能运用于以后的学术研究与专业实践中（表3、图1）。

2018 苏州大学"历史建筑形制与工艺（近代部分）"课程安排 　　　　　　　　表3

周次	主题	第1节	第2节	第3节	第4节
1	导论	L1: 历史建筑形制与工艺（近代部分）课程导论	S1: 课程参考书籍论文阅读 S2: 近代建造学术语学习	L2: "合璧"？"杂交"？抑或"融合"？中国近代形制与工艺的混合性	L3: 作业任务书布置
2	木材采运与木构工艺	L4: 西方影响下的中国近代南方木材采运与木构技术（19世纪末至20世纪初）	L5: 欧洲木材采运与木结构工艺（小作业：近代（西式）木屋架与木材镶接抄绘）	M1: 一座近代历史建筑实例模型及其抄绘	
3	造砖与砖石工艺	L6: 西方影响下的中国近代造砖技术与砖石技术（19世纪末至20世纪初）	L7: 欧洲造砖与砖石工艺（小作业：砖砌作法抄绘）	M2: 一座近代历史建筑实例模型及其抄绘	
4	钢铁与混凝土	L8: 西方影响下的中国近代钢铁与混凝土技术 L9: 欧洲钢铁与混凝土技术	C1: 水刷石工艺体验及过程报告	M3: 一座近代历史建筑实例模型及其抄绘	
5	工匠组织	L10: 西方影响下的中国近代工匠、建筑师、工程师及其群体	L11: 欧洲工匠行会、建筑师、工程师及其群体（中世纪至20世纪初）	M4: 一座近代历史建筑实例模型及其抄绘	
6	工具	L12: 西方影响下中国营造工具的变迁	L13: 比较视野下的中西方工具	C2: 传统工具及手法观摩 欧洲木匠工具箱；西方木刻工具和用法；日本木匠工具；日本平木工具，石工工具，古典柱式的雕刻；等等	S3: 论文辅导 workshop 1
7	建筑形制	L14: 近代建筑形制	P1: 案例汇报	P2: 案例汇报	P3: 案例汇报
8	考试周	W1: 论文写作	W2: 论文写作	W3: 论文写作	S4: 论文辅导 workshop2
9	考试周	收齐大论文			

注：L = Lecture 理论讲授；M = Model Making 模型制作；S = Seminar/Text Reading 讨论会；C = Crafts Experiment 工艺体验或纪录片观摩；P = Presentation 分组案例汇报；W = Writing 论文写作

随堂作业：经典木屋架＋木材节点构造图抄绘；砖砌作法抄绘个人独立完成

大作业一：5人／组，近代历史建筑实例模型，图纸抄绘

大作业二：2人／组，历史建筑形制与风格研究＋经典历史建造案例实地考察与分析研究

期末论文：综合性研究论文 5000 字以上

木材采运与木构工艺专题　　　**造砖与砖石工艺专题**　　　**钢铁与混凝土专题**

  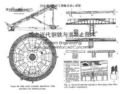

工匠组织专题　　　**工具专题**　　　**形制专题**

图1　形制与工艺（近代部分）
理论讲授专题

四、课程准备

由于课程刚开始第一年授课且市面上缺乏相关的专门教材，因此针对形制与工艺（近代部分）采用的讲义，笔者参考欧盟建造史集训夏令营 2013 年在德国慕尼黑的木结构专题集训课程的经验[4]，教学资料由任课老师自己搜集和整理，在本课程中采用一种师生互动式的"文件夹"学生教材。活页内含教学计划安排、每节课的讲义要点、术语及名词解释、作业任务书，并有空白页让学生做课堂笔记、绘制草图、存放实验样本、保存田野考察笔记、作业和论文等等。教师在学期末将对文件夹的补充情况进行评分，作为最终成绩评定的参考。该方法将激发学生自主学习能动性，并且每位学生在课程结束后都能为自己留下一份独具个性的"个人学习档案"。

理论课程中关于西方部分的参考资料，笔者一方面采用了欧盟建造史集训夏令营 2012 年钢铁与混凝土结构、2013 年木结构的教学资料，另一方面也搜集了欧洲建造史研究的相关书籍和论文成果（图2）。西方部分的图片，除了笔者在欧洲的自拍，还采用了英格兰遗产委员会（Historic England）2012~2015 年出版的历史建筑保护系列丛书中关于木结构、砖结构的一些案例资料[5-6]。此外，笔者正在搜集并研究 20 世纪初的中英文建造学手册，这也是笔者在研的"国家自然科学基金青年项目"的研究重点之一，教学相长，这些成果也成为形制与工艺课上给学生介绍西方同时期建造法的依据。在导论专题中，安排了一个自由阅读和讨论的历史建造学手册展，放在"课程参考书籍、论文阅读的讨论会"里。近代（西式）木屋架与木材镶接抄绘，与近代（西式）砖砌做法抄绘采用的抄绘范本，也是摘取自《亚当的建造学》（Adams' Building Construction, 1903）等若干本英国历史建造学手册里的构造图像（图3）。

理论课程中关于西方影响下的中国近代部分的资料，一方面来自于笔者在博士期间关于近代材料和建造方法的专题研究，一方面取自国内外关于近代建筑技术相关研究成果。建造术语采用 1933 年出版的杜彦耿的《英华华英建筑合解辞典》。历史图纸释读及模型复原的案例，取自发表在 1933–1937 年间《建筑月刊》上的几个近代住宅方案，其中包括一座位于苏州的住宅案例，不仅有图纸还有建造章程（图2）。水刷石的工艺体验及过程报告作业，笔者借鉴了相关书籍关于水刷石面层的材料与技术要求[7-8]，并事先用白水泥、细石渣等材料亲自完成一件水刷石饰面样本，确保学生能找到合适的工具和材料，使建造学习过程具有可操作性。

图2 欧盟建造史集训夏令营（CH.ESS）网络平台（2011–3）

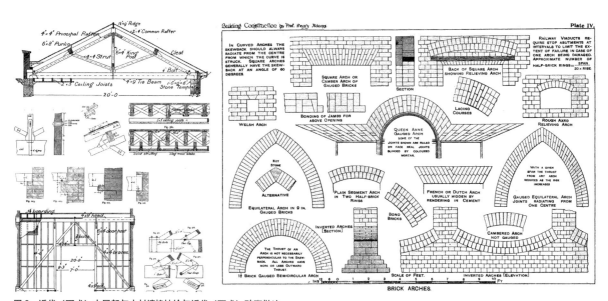

图3 近代（西式）木屋架与木材镶接抄绘与近代（西式）砖砌做法

五、课程实践

学生的成果和反馈，体现了他（她）们在 8 周的课程中是如何学习和进步的。限于篇幅，仅简要以水刷石和模型复原为例（图 4）。

水刷石工艺体验及报告是一个个人完成、历时 2 周的小作业。该实践环节的目的，并不是真的要把学生们培养成为水刷石师傅，而是让学生对近代工艺有一手的认识；并使他们能从工匠而非建筑师的角度，思考近代历史建筑的营造和保护（图 2）。学生根据本次课程中水刷石工艺体验和心得编辑发布了公众号[9]，里面反映了他们在"工艺实验"过程中内心的微妙变化：

"拿惯了鼠标的手再拿起铁铲，确有一丝陌生。好在在配备材料时就让心手开始慢慢融入其中了。"

"材料工具备完，即是水泥的搅拌，比例是写在书上的，真实使用起来却有一些捉摸不透，各个小组搅拌出来的水泥的软硬程度都大有不同。"

"涂抹是一个细致活，也很快给第一步的差异带来了反馈。毕竟水泥和得稀便是'涂'，水泥和得厚就是'抹'。"

"稀释派与厚实派到最后都未曾达成共识，不过在经过最后的水洗喷刷过程后，各自还是达到了相对理想的效果。"

他们也开始有了工艺的"经验"和"派系"了。

近代小住宅历史图纸释读及模型复原，是一个历时 4 周半的作业，4 人一组。每个小组都拿到了一套不同的图纸，学生根据历史图纸及附带的建造章程，制作一座近代历史建筑实例的模型（比例 1 ：50），并需要尽可能表现出构造做法；同时还要完成一套历史图纸的抄绘（装订成 A3 的册子）。

学生们拿到历史图纸的第一个问题，是辨认图纸上的材料和做法的文字标注，以及各种线条所表达的构造意义。鉴于前面已经做过近代建造术语的讨论和近代常见木结构和砖结构的抄绘，学生可以通过先对全套图纸的抄绘，较快地进入到这些案例建造逻辑的理解。接下来，学生们根据图纸取得建筑各个构件的设计尺寸，并按比例绘制成 1 ：50 的新图纸。模型制作需要设计，体现了学生对这幢建筑的材料和结构体系的理解，并发挥了学生展示构造层次的创意。有的小组设计成剖面构造展示，也有的小组的模型设计成可以将屋顶、楼板等层层掀开的方式。这个作业最后还增加了一个创新部分，即除了平、立、剖图外，学生还需要绘制一张"建造效果图"，即想象局部裸露构造层次的轴测图或建造过程轴测图，强化学生对建造过程的关注和思考（图 5，图 6）。

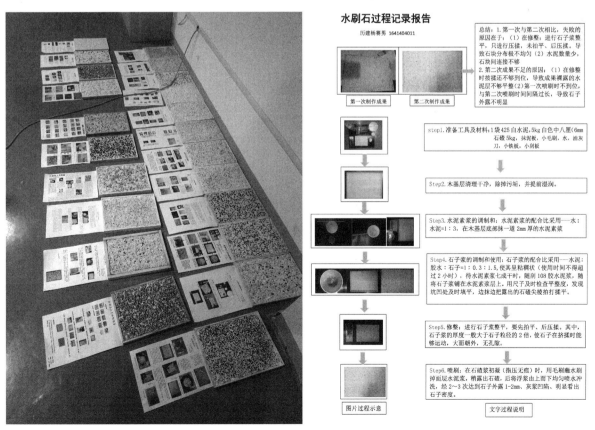

图 4 学生水刷石工艺成果及过程报告展示

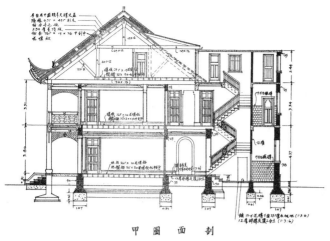

图5　近代历史图纸的释读

图6　从近代历史图纸到建筑复原模型

六、结语

近代建筑的建造学，反映了时代性的建造模式与构造做法，折射出近代建造技术的变迁，不仅具有史学价值，也为今天追溯历史建筑如何建造，以及为指导保护修缮提供重要依据。国内外涌现出越来越多从各个维度关于近代建造文化的成果，为近代建造史的综合梳理提供了基础，进而也必然将越来越好地呈现在历史建筑形制与工艺（近代部分）课程的后续建设中。而这样的课程，通过老师带领学生进行相关的近代文献搜集、近代建筑调查和近代模型实验工作，也使得本科阶段的建筑保护教育成为一个教学相长的平台，促进近代建造史研究的发展。

参考文献：

[1] 潘一婷，"英国建筑保护教育述要：以剑桥大学为例"，常青（主编），历史建筑保护工程学——同济城乡建筑遗产学科领域研究与教育探索 [M]. 上海：同济大学出版社，2014，pp.340-352.

[2] 李浈. 中国传统建筑形制与工艺 [M]. 上海：同济大学出版社，2006.

[3] 潘一婷，[英] 詹姆斯·W·P·坎贝尔，"建成环境'前传'——英国建造史研究"，建筑师，2018（5）：23-31.

[4] 2011-2013 欧盟建造史集训夏令营网站：http：//www.ch-summerschool.eu

[5] Historic England，Practical Building Conservation：Timber [M]. Routledge，2012.

[6] Historic England，Practical Building Conservation：Earth，Brick and Terracotta [M]. Routledge，2015.

[7] 井云. 历史建筑内檐与外饰修缮技术 [M]. 北京：中国建筑工业出版社，2017.

[8] C. W.C. Lai，"Cement and 'Shanghai plaster' in British Hong Kong and Penang（1920s-1950s）"，in Ine Wouters et al.（eds.），*Building Knowledge*，*Constructing Histories*. Leiden：CRC Press，2018，pp.291-298.

[9] 课程水刷石公众号 <https：//mp.weixin.qq.com/s/85g-h4--T4jaPLZEEQL6bQ>[2018 年 5 月 20 日]

图片来源：

图 1 笔者绘

图 2 欧盟建造史集训夏令营（CH.ESS）网络平台 <http：//www.ch-summerschool.eu>[2018 年 5 月 20 日]

图 3 笔者由英国近代建造手册 Adams' Building Construction（1903）中的建造插图整理而来

图 4 a. 2016 级历史建筑保护工程学生水刷石工艺成果，笔者摄；b. 2016 级历建专业杨赛男同学"水刷石过程记录报告"

图 5 "苏州朱缙侯住宅图样"，建筑月刊 [J]，Vol.2，No.6，1934，p.45

图 6 2016 级历史建筑保护工程学生"近代历史建筑实例模型"成果，笔者摄

作者：潘一婷，苏州大学建筑学院副教授，英国剑桥大学建筑与艺术史学院博士

沧浪冶臆

——苏州大学历史建筑保护工程专业设计基础课程探索

陈曦　钱晓冬

Construction Design in Historic Environment: Fundamental Training Program of Architectural Conservation Program in Soochow University

■ 摘要：历史建筑保护工程专业兼具了建筑学基础知识和特殊的保护技能培养，在低年级设计基础课程教学设计中，一个重要的探索是如何在建筑学低年级的课程体系上增加学生对于历史建筑、历史环境的敏锐触觉，同时掌握一年级实物建构课程的基础要求：1. 与我们——建构逻辑 Structure 结构（材料）；2. 与环境——空间相合 Space 空间（功能）；3. 与你——表皮感知 Skin 表皮（构造）。在 2017 年度的教学中，我们选取了以沧浪亭历史环境为载体，在以纸板塑造优美空间、造型的基础上，增加对于园林为代表的历史空间的考量。三组同学选取了明道堂、印心石屋和看山楼三处地点，以纸板实物建造的模式完成了对于历史环境的再现与解读。

■ 关键词：设计基础　实物建构　历史环境　历史建筑保护工程

Abstract：Architectural Conservation Program combines the basic knowledge of architecture and the training of special conservation skills. In the fundamental training course，an important exploration is how to establish students keen sense of historic building and historic environment in the curriculum system of junior undergraduates，and grasp the basic requirements of the physical construction course in the first grade：1.Construct logic- structure （material）；2.Space compatible with environment-space （function）；3.Skin perception -skin （tectonic）. In 2017，we selected the historic environment of Canglangting Garden as the carrier，not only to create beautiful space and shape by cardboard，but also to consider the historic space represented by gardens. Three groups of students selected their locations：Mingdao Hall，Yinxin Stone House and Kanshan Building，and completed the reproduction and interpretation of the historic environment in the form of cardboard physical construction.

Keywords：Fundamental training program；construction design；historic environment；architectural conservation program

基金项目：
[1]江苏高校哲学社会科学研究项目（2018SJA1314）
[2]2019年苏州大学高等教育教改研究课题一般项目"国内外建筑遗产保护专业比较研究"

1 历史环境中的建构

1.1 承启

设计基础课程"实物建构"是苏州大学建筑学院具有多年传统的特色课程，也是建筑学、历史建筑保护工程、园林、规划等专业一年级学生理解建筑空间构成、材料搭接方式的核心课程。考虑到历史建筑保护工程专业的特殊性，我们希望在传统的以纸板塑造优美空间、造型的基础上，增加对于园林为代表的历史空间的考量，一方面为传统园林空间增加新的解读角度，例如女性的空间、折叠的空间、障景与通廊等，另一方面也可以恢复曾经存在的历史空间意向，使历史环境得到再生与演绎。"实物建构"课程从 2015 年 5 月至今，已经延续了 4 年，在起初的两年，我们设定为在日常环境中的建构，学生们选择教学楼内外空间进行改造；自然地景中的建构，学生们选择在芦苇荡中进行纸板建构；2017 年，我们选择了沧浪亭作为设计基地，增加了对于历史环境维度的考量。

从课程本身的定位来说，实物建构是一年级最后一个设计课题，也是整个大平台课程中具有承前启后意义的一门综合性课程（图 1）。对于一、二年级的大平台设计基础课程来说，我们要求从意识、理论和技能三方面进行人才培养，尤其强调对于不同环境的感知和理解。技能包括：表达能力、动手能力、组织能力等，这方面的培养在一年级是重点，而随着技能的逐步掌握，这部分训练会逐渐减少；理论包括：空间组合、技术、文脉、环境行为等知识，这些知识的灌输随着教学的开展会逐步增加；我们尤其强调的是学生专业意识的培养，这是本教学体系最重要的部分，通过对于日常空间、自然地景、历史环境的关注及纳入设计考量，使得学生在低年级就初步具有了敏锐的感知能力：包括创造、环境、经济、合作等意识。这部分会一直贯穿整个一、二年级大平台，直到三年级之后的专题设计中。

1.2 破题

历史环境中的建构要求：

（1）与我们——建构逻辑：Structure 结构（材料）

（2）与环境——空间相合：Space 空间（功能）

（3）与你——表皮感知：Skin 表皮（构造）

对于建构作业来说，设计的评价标准包括：合乎尺度的空间、可靠牢固的结构和合理有趣的表皮。但是因为是在历史环境中的建构，因此教学组针对沧浪亭的历史环境总结出三个关注点：①轻质；②与原有古建筑可逆无损连接；③体现特殊的历史环境。"沧浪冶臆"既需要有"冶"的理性，也需要有"臆"的感性。

整个教学过程有 8 周（图 2），共分为 3 个阶段，每个阶段都从知识理论—感知—技能三个方面进行培养。

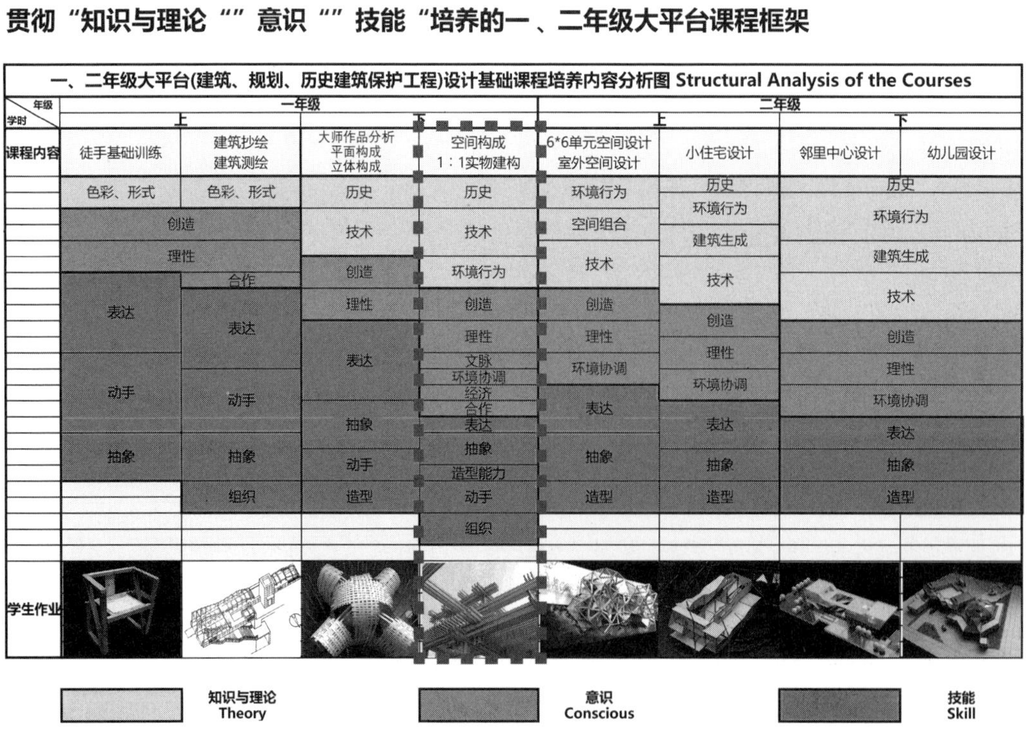

贯彻"知识与理论""意识""技能"培养的一、二年级大平台课程框架

图 1　课程结构

图2 教学过程

2 沧浪亭的情、景、境、意[①]

2.1 意味

"重现的时光远比当初的一切更有意味。"

——普鲁斯特《追忆似水年华》

对于沧浪亭这样的南宋名园，我们带学生在第一、二周阅读了它的历史，实地踏勘了现状。重点指出了沧浪亭与水、与山、与城市的关系。在历史演变中，这个亭子是如何从临水挪到山巅，又是如何从一个私家园林转变为庙园，又如何转变为官司建造，具有教化意味的场所。[②③]这些变化是今天所呈现的园林景观背后的故事，也是希望学生们在运用基本建构手法的时候能够借助的灵感来源。

两周之后，学生们兴趣盎然地做了第一轮小模型，包括对观鱼处的空间优化（以一个装置将西面的现代建筑遮挡，框出美好的沿河景观）、复廊的重新演绎（在入口处增加装置，明确二分廊道的走向）、翠玲珑广场的竹子意向的延续（对于具象形态的模仿，这是学生们最容易想到的构思，也是一年级学生从高中往大学建筑学学习过程中的必经之路）、清香馆广场的教化空间（有学生设置了一个讲席，与环境形成了露天书院）、流玉潭和假山水系的联通（以纸板形成泉水的形态，在山间和潭壁上延绵）等。

第一轮方案结束后，我们老师的普遍感觉是现实与预期的落差：历史背景、园林空间的特征对于一年级学生来说有些难以理解。建筑班的同学的建构设计是教室空间的改造，因为熟悉就能很容易地理解功能需要和造型塑造。而对于历史建筑保护班来说，这两者都不是设计的重点，相反对于气氛的营造是很重要的。因此教学组给同学们补了一节课，看了徐甜甜老师的松阳竹林剧场、大明宫紫宸殿遗址，还有一些艺术家在遗址和历史建筑周边做的小品，使同学们能够想象得到在历史环境中的建构设计，重要的不是功能设定，把某种抽象的概念具象化，而是气质的吻合，或者说是如何做好配角，把历史场所的特征强化出来，这也是历史建筑保护工程专业在高年级的保护设计中一直所关注的培训重点。

2.2 逝反

学生们的一草模型在受到材料、构造、结构的考验后，大部分都失败了。建构设计毕竟是一年级的基础课程，虽然历史的考量给学生增添了很多兴趣和灵感，但是在基础阶段，如何摆脱对于具象形态的迷恋，建立空间概念，体会材料的特征与质感，理解结构和力学对于空间塑造起到的关键作用，这些才是本课程的初衷。

在第三周删选结束之后，留下了三个方案（图3），分别是借用楼阁上本有的四根立柱，围合成如屏，将空间划分为二，并且模拟山势皴法的看山楼组，同学们学习了隈研吾的一些细节意象，在已经不见山的城市楼阁之上再现了曾经远望诸山的历史意象；试图用一组幻门打破府学建筑与园林气质藩篱的明道堂组，这组迷宫似的幻门，提供不同方向、路径的可能性，使得这个广场庄

图3　历史环境的现状与一草模型（左：看山楼组；中：明道堂组；右：印心石屋组）

重严肃的气质中有了些许戏谑与顽皮的趣味；将现代建筑的模块化概念介入到历史空间中，并且与之相协调，触发了看与被看行为的印心石屋组。印心石屋本来就是佛法相印的自省之地，黄石假山的洞隙增加了光影的玄妙，而新的室内装置一方面与洞隙相对应，可观外，另一方面也是提供了室内看与被看的趣味点。

　　这三个方案的胜出不仅仅因为概念出众，而且更多的是因为能够比较好地在结构、构造方面实现。全班分成了3个小组开始对这三个方案进行深化，主要是开始制作大比例的模型，验证方案的可行性。在此过程中，明道堂组遇到的困难最大，因为高达2m的门，超过了纸板的极限，很容易变形，因此学生考虑将其在平面的两个方向上延展，在细部设计上，除了增加纸板横向内衬，还用纸筒作为柱子，在门的边缘保证其强度。结构的稳定性、构造的美观和模数化加工成了教学的重点。

2.3　在地

　　五月黄梅，在绵绵细雨中，我们在沧浪亭进行实地建造活动。在此之前，各小组都合作解决了采购、运输、粗加工等前期准备工作，也在校内进行过试搭工作，但是到了现场，真实地身处园林之中，激动和遗憾并存。在历史环境中，我们格外强调要尊重建筑遗产，所有的建构操作都是可逆且无损的。因此三个小组在实际操作的时候，都做了些临时的变通：看山楼组的主体结构在悬挂到看山楼的木柱和挂落上以后，因为本身的荷载较大，到下午发生了一些变形，因此增加了一些吊绳；明道堂组的幻门在阴雨中被打湿，到了下午没有办法树立起来，临时改动放到了明道堂的室内，这也是这次设计的一个遗憾；印心石屋组相对比较好地完成了预想的设计，在黄石假山的内壁，用纸板完成了一组或坐或躺的坐椅，但是因为屋内是比较昏暗的，学生创造性地把手机收集起来，打开电筒增加光亮。在文后附上印心石屋组同学的建造日志，可以更好地了解他们对于本次教学活动的认知和反馈。

图4　历史环境的建构模型效果
（上：明道堂组；中：印心石屋组；下：看山楼组）

3 回望沧浪亭

3.1 与我们

苏州大学历史建筑保护工程专业是教育部于2015年批准设立的，2016年起正式招生，现有4届72名本科生，在这几年的摸索过程中，有很多值得思考的问题。对于历史建筑保护工程专业来说，建筑学的课程是基础，所以低年级的课程基本上是与建筑学的教学大纲一致。从二年级的下半学期开始，"加餐式"地增加保护概论、专题保护设计、形制与工艺、保护技术等专业核心课程。因此，有学生反馈，在低年级的时候没有专业归属感，到了三年级又陷入了保护核心课程的包围，摸不清学习的重点和规律。如何体现出专业的特色，一年级的历史建筑保护学生应该做好怎样的专业学习的准备，"加餐式"的教学方法有没有问题，这些都是横亘在还在发展中的历史建筑保护专业面前的问题。我们的感触是历史建筑保护专业课程应该尽可能前移，譬如在一年级上开始专业导论，全局性地将所有的课程结构介绍给同学们，同时还通过实习、考察看到历史建筑保护专业在实践中的运用。保护概论将来可能在外国建筑史（古代）部分结束以后就开始（二年级上学期）。在建筑学所制定的所有设计课程环节中，也应该尽可能增加特色化的限定因素。这样做的原因是让学生清晰地了解专业的边界与内涵。

课程题目：历史环境中的建构
时间：二零一七年六月十三日
苏州大学建筑学院历史建筑保护工程专业
北京建筑大学历史建筑保护工程专业
联合国科教文组织亚太世界遗产培训与研究中心(苏州)
苏州市沧浪亭管理处

图5 沧浪冶臆活动海报

3.2 与历史

对于历史建筑保护工程专业，历史建筑、历史环境是专业的核心研究对象，在不同的年级对历史的关注点应该是不同的。在高年级，很明确的课程是围绕历史建筑保护设计的四个环节（信息实录、价值评估、保护设计、修缮技术）所设置相关的理论课程。在一年级，虽然我们只是对于历史环境、场所、建筑、节点的初次接触，但是课程设置的环节依然延续了高年级的逻辑（历史环境的调研、特征要素的选取、建构设计、构造材料）。这一脉络是与历史对话的钥匙。可以看到，最后选取的三个建造方案，都是在这四个环节上考虑得比较深入，而且具有内在统一的逻辑性。

3.3 与你

在沧浪亭历史环境中的建造活动得到了联合国教科文组织苏州培训中心、沧浪亭管理处、北京建筑大学的共同支持和参与，因此，它不仅仅是一次课程教学，也成为一项有影响力的活动，这既可以加深青年学子对于园林遗产的认知，也可以使得遗产焕发新的活力。沧浪亭作为一个文化符号，既是归于沧浪的期望，又是心灵的内向花园，每个人心中都有自己的沧浪亭，遗产不仅仅是实体的留存，也是每个人心中的异域他乡。因此，"沧浪冶臆"类似的历史环境中的新设计充满了直白而又含蓄、受限而又开放、传统而又现代的矛盾冲突和妥协，值得再三玩味。2019年，在网师园的"灵感园林"活动中，来自清华大学、同济大学、东南大学的三位建筑师，以园林为灵感来源创作出三件现代装置艺术作品，以当代视觉对话古典园林，这可以视作高阶版的沧浪余音。

附：学生的学习日记

衣以表信，法乃印心

——传灯录。

印心，表示心心相印。石屋内设置石凳，屋前砌假山，围成小院，而且这些石头是特有的黄石，与一般所见的湖石假山从质感到体量上都很不一样。

在实地考察中，我们发现原本的印心石屋内只有一张石桌和几张石凳且处在空间的中心位置，使得整体空间乏味，气氛压抑，所以很少有人愿意在此逗留，徒有"印心"之名。

观察到石壁上分布着一些大小不同、高低参差的洞，我们决定利用瓦楞纸建构建造一些模数化的"凳"来与这些洞口呼应，增强空间的趣味性和可留性，并利用建构的"直"与石壁的"曲"完成现代与历史的对话，重新阐释历史环境。

秉承因地制宜的理念，每个凳子与石壁和洞口的位置关系都不同。使得人可坐、可卧、可躺、可攀，利用建构与石壁发生各种各样的联系。

以 15cm 为基数，根据洞口大小设定凳子的高度，并在各凳之间添加了高度为 15cm 的连接，使连成一凳子组，增强整体感和稳定性。

　　石屋内没有任何照明设备，加上实地搭建那天恰逢下雨，从洞口透进来的日光根本无法照亮屋内，使得环境非常昏暗。在自然条件不利的情况下，我们汇集所有人的手机，开启手电筒功能充当灯泡用来照明。扁平的手机随机放在石壁凸出的石块上，只向下打灯，形成了"只见光不见灯"的景致，不但使屋内空间变得明朗，同时营造出神秘感；灯光似烛光，更添一分禅意，确可称得上"印心石屋"。

　　人们在改造后的印心石屋里休闲或集会，欣赏园林之美的同时获得安宁纯净之感。

注释：

① 陈薇.中国古典园林何以成为传统——苏州沧浪亭的情、景、境、意 [J].建筑师，2016，(6)：80-86.
② 李进.地景与想象——沧浪亭的空间诗学 [J].文艺争鸣，2009 (7)：121-128.
③ 王劲.岂浊斯足清斯缨——沧浪亭之名实变迁考 [J].建筑师，2011 (5)：66-72.

图片来源：

图 1-图 5 自绘或自摄

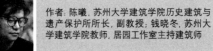
作者：陈曦，苏州大学建筑学院历史建筑与遗产保护所所长，副教授；钱晓冬，苏州大学建筑学院教师，居园工作室主持建筑师

"过往即他乡"

——基于当地居民口述史的胡同整治更新反思

齐莹　朱方钰

The Past is a Foreign Country
——Introspection on the Renovation of Hutong
based on the Oral History of the Local Residents

■ **摘要**：城市遗产处在不断流动变化的过程中，所谓保护本身就是一系列"文化—社会"互动的进程。传统的北京历史街区保护中过多关注建筑实体的价值判断，而忽视居民体验与社会发展的关系。为了回答"为何保护，为谁保护"的问题，本文通过街区访谈、多人口述史的方式，收集北京胡同中常住居民的城市记忆与居住故事，倾听居民对近年来发生在各条胡同的整治工作的感受。由此绘制出胡同典型居民的画像，从内部提升、院落腾退及政策执行、街道整治和街面改造三个方面探讨工作的效果及问题，并对北京历史街区胡同的更新命题进行反思。

■ **关键词**：胡同居民　口述史　自主建造　风貌整治　邻里社区

Abstract：Urban heritage is in the process of change, and protection itself is a series of "culture society" interactive process. In the traditional protection of Beijing historical district, too much attention is paid to the value judgment of the building entity, while the relationship between the building environment and the residents, and the social development is weakened. In order to answer the question of "why to protect and for whom to protect", this paper collects the urban memory and living stories of the residents of Beijing historical district by way of block interview and oral history of many people, and listens to the residents' feelings about the renovation work in various alleys in recent years. In the process, we draw the portraits of the typical residents of the Hutong, discuss the effects and problems of the work from the internal promotion, courtyard retreat and policy implementation, street renovation and street surface reconstruction, and reflect on the renewal proposition of the Hutong in the Beijing historical block.

Keywords：Hutong residents；Oral history；Spontaneous construction；Landscape improvement；Neighborhood Community

本论文为北京未来城市高精尖中心支持课题（项目编号：UDC2018020511）北京建筑大学校设科研基金人文社科项目（项目编号：ZF15049）

1 引言

胡同生活与四合院，是物质空间更是文化想象。正如罗温索所说，"遗产从来没有仅仅被保存，它们总是被后代不断加强或弱化"。随着近四十年在北京发生的各种改造及政策设定，胡同生活也留下了多层次不同时代的烙印，呈现出日益杂居化、底层化、停滞化的趋势。在近五年内，北京市政府针对内城发展的滞后开展了一系列的整治活动：从"封墙堵洞"到"十有十无"，从"街道整治"到"保护复兴"。如东城区从 2015 年开始以南锣鼓巷地区雨儿等四条胡同为试点，通过"申请式腾退"外迁部分居民，降低人口密度改善留住居民生活。胡同街道界面也进行了整治：原有电路网线整理入地，建筑临街界面材料、色彩参考传统工艺形式进行了整修。随着街道管理权力的扩大及"社区规划师"制度的推广，整治工作正在加速推进。类似的整治活动出现在多片历史街区中，包括砖塔胡同、西安门片区、白塔寺片区、东四片区、环什刹海地区、前门外片区等。

整个过程投入庞大且动作迅猛，从早期的腾退资金投入到后期的社区规划师入驻，都体现了政府对内城历史街区改造的决心，但越是在这种时候，越有必要不时停下来审视一下工作的效果。北京建筑大学历建专业与北京建筑设计研究院吴晨工作室连续三年进行了雨儿胡同、环什刹海片区的调研及更新设计研究工作。此次试图借助口述史为工具了解区域的历史流变、多维度价值及生活情态。作为对历史街区更新工作的回顾，也是对更多后续工作的启发。

常规的建筑史研究关注历史建筑价值层面的名人、大事，遵循着传统的审美观念，将目光集中在建筑形式这个静态、直观的题材上。而口述历史访谈能在为何建造和如何建造上提供更为丰富的见解和内涵。作为一项近年才引入建筑史学的研究方法，推动传统上对于历史城市与建筑遗产保护的研究由官书型的史学研究开始转向民间领域，由最初的文献考证、考古测绘拓展到多学科研究方法的融合应用。从方法论角度切入，本次课题采用现代口述史的工作方法，以生活在历史街区的居民为记录对象，希望通过此法或可在以下几个方面助力历史建筑保护及城市更新工作：

（1）完善区域的价值认知。在保护工作的分析阶段，深入挖掘更多的物质及非物质信息，了解物质遗存、非物质遗存演变轨迹。在价值评估层面，有助于进一步深入挖掘历史价值、情感价值；在城市文脉及关联域层面，强化物、人、景、事的联系，有助于进一步了解保护对象。

（2）工作前期，深入了解核心矛盾和重点问题。在设计提升及功能业态策划阶段，挖掘当地需求，更有效地捕捉问题与矛盾点，从而确保相关工作的针对性和有效性，实现历史街区保护更新的"人本立场"，提供社区居民的认同感及参与感。

（3）工作后期，在保护工作完成后的复盘及评价阶段。收集各方面反馈，有助于客观整理总结历史街区保护成果中涉及"经济利益提升、社会生活优化、管理体制改善"等方面的经验，探索构建共赢发展的

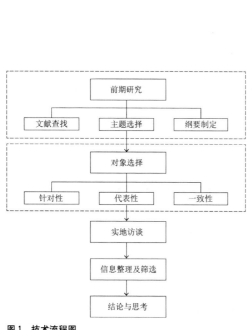

图 1 技术流程图

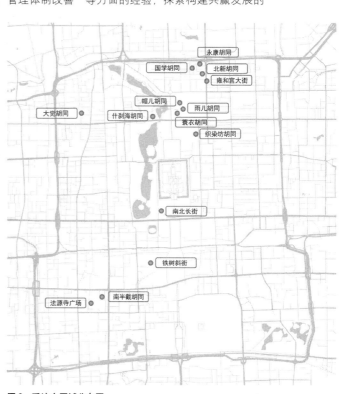

图 2 受访人区域分布图

长效保护机制。

(4) 记录访谈的过程也是专业领域采访人与受访群体的一次学术影响过程，口述历史是双方共同参与制作的产物，沟通互动有助于受访人进一步理解历史环境价值，推动遗产保护认识的普及和社会化参与。

2 工作流程与访谈操作

访谈人以 2~3 人小组为单位，以历史城市居民或劳动者为访谈对象，围绕历史城市及建筑内的生活体验和经历、感受，进行对话式访谈。调研范围包括南锣鼓巷、法源寺、什刹海、雍和宫、南北长街、铁树斜街等 8 个历史片区。工作过程包括五个环节：

(1) 前期研究。划定采访题材并进行全面研究：采访问题的设计可直接影响到访谈结果的精确程度，通过规划本册、新闻、著作等内容的阅读，对所在区域历史、社会背景、近年变更形成初步了解，避免过于粗浅的问题。在构建采访问题大纲的时候，既要关注该地区所处的生活背景、文化生活、从属行业以及社会阶层等，同时也应精细到访谈对象的年龄、个人收入、儿时记忆等细微方面。因人而异地应变不同性格、不同个体之间的访谈状况，有导向地促使受访者表达出内心的真实想法。

(2) 访谈对象选择。围绕胡同生活的访谈选择上希望不只是被动的使用者，同时也是积极的建设者。在变更浪潮中这类人群数量也正在萎缩，这也是激发这一选题的原因之一。选择有针对性、代表性，同时有具有深入生活体验的对象是整个口述工作的关键。与此同时，访谈人的个人准备也很重要，充分考虑扩充问题的深度、广度。在"问得更宽、问得更广"的情况下所能产生的种种关联或相扣的环节，避免局促在狭窄的焦点访谈中。

(3) 现场对话。通常控制在半小时到一小时内，争取与受访人的日常休闲、散步等生活节奏契合。访谈人灵活掌握场所的转移及活动状态。实践证明谈兴正浓的受访人会主动进行场景的转移，以提供更多的信息和实证。

(4) 信息整理与回顾。转录软件和录音设备的发展为快速整理语言和图像材料提供了保障。在口述内容的文字化整理过程中，注意保留受访人的谈话口吻和语气。

(5) 与专业工作结合进行的反思。

以上各个环节联系紧密，但其中最为重要的环节还是访谈对象的选择。在课题的前期预设中提出适宜及不适宜作为访谈对象的人群特征，其核心在于对胡同生活的参与度和作用力强度。例如胡同里的养鸽人、种花人是北京胡同文化中的独特文化景观塑造者，他们也面临着各种管理和日常的烦恼；传统四合院建筑受气候影响，一年到头小修小补不断，包括除草、加保温、排淤等，古建小工需求频繁但又缺少固定的物业服务；北京特色的红箍胡同大妈作为符号化的角色出现在各种文艺创作中，她们在公共管理不足的街区中承担着串联起胡同社会关系的重责……这些身体力行参与影响到胡同街区景观及事务的人群是我们的首选目标。而体验为时过短，认识浮于表面风貌的游客或者候鸟型外来务工人员，由于其缺少归属感和认同感，是受访人选择时要避免的。

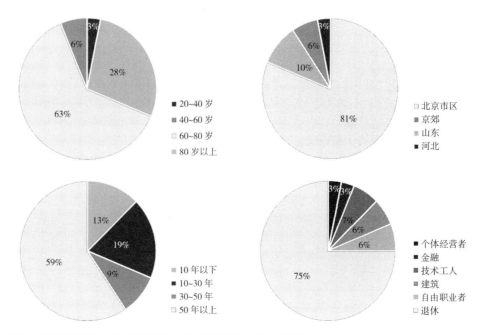

图 3　受访人年龄结构示意图、原始籍贯示意图、就业状态示意图、胡同生活时长

各访谈小组通过观察、初步沟通到最终确认选定受访人，并且基于一定的问题框架进行对话。排除掉信息不完整的人群后，此次有效受访居民人数 32 人，笔者对受访人群的年龄结构、就业状态、籍贯等基本信息进行了统计：居民的年龄分布跨度从 32 岁到 91 岁，60 岁以上的退休人群占了 60% 以上。此次遇到的 40 岁以下青壮年均出生在北京当地，老年人则有四分之一来自周边区县。居住时长方面，大半居民已经在此生活超过半个世纪，历经了"文革"、改革开放、北京城市大发展、历史街区整治更新多个时期。从职业与收入来说，大多数居民业已退休，每月 3000~5000 元退休金，25% 的人员仍处在工作状态中，主要为服务周边的个体经营及建筑领域，仅有 2 人就业与生活区域距离较远。

通过总结，可以看出受访对象的总体特征呈现出以下几个特点：

（1）老龄化状态明显且趋势加重。访谈工作进行了半个月，时间跨度包括周末和工作日上下午，尽管不乏工作日年轻人外出的原因，但在受访者表达中也强调出社区的老龄化趋势。随着整体居住质量的提升和人均居住面积的增加，新住宅与老院子的落差愈加明显，除了感情导向和习惯依赖的老年人仍然留驻外，年轻子女及其后代均已离开。可以预见的未来是这一趋势将日益明显。

（2）经济层面低收入群体占比突出。与北京二环内老城建筑面积单价奇高对应的是此地的居民境况窘迫，收入有限。造成这一怪相的原因是，一方面是老年人退休后的收入降低，另一方面当地普遍劳动技能低端造成收入较低。随着城市整体发展，原有历史文化资源的积淀已带动了地产价值。这种落差极大地影响到了当地居民的主观感受，表现为对更新措施的肯定和对整体工作的否定的矛盾心态。

3 记述与研究

口述访谈涉及了日常生活、城市记忆、爱好娱乐等多个方面，此次重点关注对胡同整治的更新评价部分①，主要分为三个部分。

3.1 自主营造、内部基础设施提升

（采访者：朱方钰、李媛媛、陈元；受访者：方大爷、刘大妈；时间：2019 年 11 月 29 日；地点：文煜宅门口）

Q：您现在还住在胡同里，生活状态是怎么样的？您觉得跟之前比会有提高吗？

A：一直想要自己翻盖一下，但是也受到了制约。因为毕竟面积空间都已经是满满的了，两家人家是一堵墙，很麻烦很烦恼。对，是这样。

Q：基础的生活设施之类的，近几年有提升吗？

A：也有。一家整了太阳能热水器，街坊四邻一看好，厨房整个太阳能热水器什么的，你有钱弄我也弄。现在用热水方便了，敢花钱了。另外公共便所的档次是提高了。老百姓才明白公共卫生间是分三六九等的。

Q：那是哪样的三六九等？

A：瓷砖、隐秘性，还有空调、暖风、凉风。因为现在附近开始有那些好的有空调的卫生间是这样的。

B：最大的变化就是卫生间。这事儿改造得特别好。原来是那种蹲坑儿，特别臭，整条街半条街都能闻见，现在厕所改造了，还加了空调了，虽然不开吧，但是它摆上了。证明老百姓生活还是好了，对吧。

Q：那这次改造就只改了临着大街的建筑吗？巷道深处的就没有改吗？ A：你上里面看看去呗，既然采访，就进去看看呗，看看就知道是什么样子了，小心电线哈。骆驼祥子那会还是土路呢，现在是石头的，（冬季冰冻）老年人走老摔跤。

久居胡同的方大爷说过一句细想略显心酸的话："现在我也经常看电视剧，里面看到年轻人住的环境，平常我也会问一些年轻人是这样的么，他们说就是这样的。"平房院落与现代住宅存在着明显的落差。在访谈中我们看到了居民为了追上这种落差不断进行的自主尝试。而自主尝试、自发建造正是所有传统民居几百年来赖以延续的根本。历史上，自主营造体现在各种日常养护及维修中，小工四季走街串巷；在当代，这种尝试体现在基础设施提升的工作上如供暖排水等项目上。今日的基础更新最大的转变在于工程组织不再是由居民自下而上的进行，而是由政府和街道、房管局统一自上而下的推动。这种转变从风貌上或有统一感，但在合理性、适应度上则存在明显的割裂感。

在建筑主体修缮方面，设计院出身的建筑师往往对古建法式了解有限，受结构安全局限，设计用料规格普遍较大，过度依赖有限的几本官式古建资料，设计四合院民居大梁尺寸达到 400-500mm 宽的大梁、椽径达 80-90mm，远超测绘调研时观察到的 300mm 过梁与两寸椽子。这也侧面暴露出北京传统民居研究领域的空白。

基础设施更新包括厕所、淋浴、厨房间、晾晒、保温、供暖等方面，其中厕所问题更是所有受访者共同的关注点。近年来的各项上位管理以"整理"为名束缚了居民的各种自发建造，变相导致了当地居民生活形态的固化和活力的减退，迫于客观条件只能安于眼前的物质条件，将改善的期望寄托在政府等外界力量上。唯一在管理政策缝隙中保留了自主营造的应当说是胡同的养鸽人，通过

对雍和宫地区多位鸽主家的访谈，发现他们或多或少还巧妙地保留了自己的鸽舍并且不断优化[2]，是夹缝中仅存的变量。

3.2　院落腾退及政策执行

（采访者：朱方钰等；受访者：方大爷、5号院居民、王大爷；时间：2019 年 11 月 29 日；地点：文煜宅门口）

Q：会不会统一拆迁？

A：统一不了。而且南锣鼓巷是北京的历史文化风景点，是做改造，不像有的地儿都推了。我们院6家，走了2家还剩4家。您自己家弄不好，想走走不了。像我，俩妹妹俩弟弟，妹妹没所谓，嫁人走出去了，俩弟弟就来找你要钱。这不是家产，是公房，房管局管。可是国家政策在哪呢？你户口本6个人，都得签字，不签就搬不了。这就有讨价还价的了。就比如我这300万，俩弟弟一人要100万，人家不管你这个（还有没有房住）。老话"利益面前没有亲情"。真正利益面前亲哥们儿都不行，知道吗？谁自己合适谁就得。仇人转弟兄，恩爱转夫妻，这都有说道的。你能争这个的都是五六十岁，最小五十七八的，头发都白了，还争呢。人在利益面前都比较贪婪。没有说像咱中国孔子传下来的孝悌呀、孔孟之道呀，"兄则友、弟则恭"，都有说道的对不对？可是现在人违反中国传统道德了，都是只顾眼前快乐。"今天有酒今日醉，不管明天何处挥"。现在人都这德行，时代变了，他的气质呀、传统有所变。

Q：您在这住了几十年，您的邻居们呢？

B：什么邻居不邻居的，现在咱们说都是外地人。住了很久吗？不对。你们想，你房间便宜我住得久一点，有好多是租房，他住了个一两年或者是不到一年就走了。你要今天涨，明天涨，年年涨，（他）住不起了，可不就搬家！

Q：平常在一个院子里会有一些公共活动吗？平常交集多吗？

C：他们的生活就是白天出去上班，晚上回来。我和老伴的生活就是每天早上起来，去超市，吃早饭，看看电视，中午午休，下午出来和其他的老人在这个地方聊聊天，太阳落下去了差不多就该回家吃饭，晚上收拾一下就该睡觉了。一天也不会有什么交集，也没有一些公共的生活互动。

Q：关于拆迁腾退待遇如何？

C：政策一个是要取之于民用于民，然后他不取之于民，直接下达命令。一个是政策下达也不能反复，不能这个领导来了一个样，那个领导来了就变样了，不断的翻牌，这谁也受不了。然后说这个拆迁，搬迁的补偿问题，其实这个问题很简单，就是公开化，这个杂院里有三十家，大家每一家到底是个什么样，然后给你们补助了多少钱，给你的调配是怎么调配的，掖着藏着，又想干这事又不让人知道，真要是好事？大公无私何必藏着掖着。

与 90 年代最早面对院落拆迁腾退的受访者不同，现在居民留驻此地的主要原因多是迫于现实产权及经济的束缚，还有些留恋周边良好的文化与景观资源，但很少人强调情感及人情原因。不是居民的情感愈加麻木，而是随着周边生活变动速度加快，曾经的人情牵绊变得格外脆弱。在关于城市记忆的叙述中，多人都提到了青少年时期的美好体验，但对近十年的邻里则提及甚少。不同于老城区居民普遍想要多争拆迁补偿、拒绝搬迁的刻板印象，居民多数支持及向往搬迁。对新的搬迁政策的出台和公平度都表达了迫切的关注。

随着北京内城景区化、绅士化的转变，胡同"新"移民已呈现出两种类型：一是提供底层服务的外地短租居民，就近工作，以 1000–2000 每月的价格租间平房满足最基础的生活要求；另一类是门户紧闭的精英级绅士化群体，拥有整座院落而日常门户紧闭。这些人群毗邻而居但互不往来，北京胡同常住的典型人群则日渐年暮，伴随着他们一同消失的，还有老舍、王朔书中笔下老北京的人情故事与弧光。

3.3　街道整治和街面改造

（采访者：胡萍、杨梦等；受访者：刘大爷、五金店主等；时间：2019 年 11 月 20 日；地点：大觉胡同、南半截胡同）

Q：您对这条胡同风貌整治效果如何看？

A：我觉着吧，改革了半天，没有像微信上看到的 40/50 年代的那种情况。也不知道政府想恢复成什么样子的，看新闻呗。

Q：您对现在四合院整治效果怎么看？

B：我再重复一点就是说四合院是所谓达官贵人住的地方，居民他家就是个大杂院，比棚户区还棚户区，就那么两三间小房。他为了生活他得盖个小厨房，再盖个小仓库，结果是密不透风，采光、通风要按照公安消防部门来看，这都是隐患。整治就是拆除呗。

Q：您经历的这条胡同最大改造政策是什么

C：最大的改造就是封堵开墙打洞的政策，我这是公租房，十多年前北房改南房，对外开门政府是支持的，复员军人，自己创业开了一个五金店，主要做焊接，服务对象单位学校、街坊四邻。开墙打洞力度大，好多门脸儿都不让干了，外地的没资格证的也不行，我这儿生意就挺好的。就算这样去年政策的事情也让我很生气，政府又改了政策，跟我有啥关系折腾我。我说你看这条胡同儿，一共100多间，100多间有的人把房租出去了，封了他们的顶多就是伤个皮；我这是自谋出路自己经营，你要把我封了，那我这半条命就没了。我经营合法，要营业执照有营业执照，要发票有发票，安全检查每礼拜来我都配合，你给我安置了可以封堵我。我把房交给你们都可以。那天那儿站了20多个保安，综合整治办的，我这种民生你们完全的记录下来，政府现在想怎么干就怎么干。

通过口述访谈，我们可能触碰到一个建筑师和专家们都不愿意接受的结论：在胡同里，建筑遗产或许还能得到重视，但历史风貌是居民关注议题的末梢。胡同里的京味儿文化只存在于老一辈人的记忆里或者景区的布景演绎中，年轻人的记忆已经和这片地区的历史文化远离。居民普遍对"传统风貌"概念是模糊的。受访的多位老人并不认同自己居住的是北京"四合院"，对于街道整治后的立面风貌评价仅在材质、色彩和整洁度。胡同风貌和特色的话语权已经转移到了不在此地生活的学者与设计师手中，他们作为干预者，抱着浪漫的乡愁去批判现存的景观，并创造了一个不属于任何一个时代的"风貌"。

4　分析与总结

通过这一时间段的观察收集，我们从另一面照见了胡同更新工程工作中的种种，切实地意识到了口述史的力量。就访谈到的胡同居民生涯而言，过多的行政干预已经磨损了居民的原动力，老龄化趋势导致自发行动并且主动干预社区景观的人数愈加稀少，曾经最有凝聚力和人情的社区正在消亡。留守的老年人逐渐变成城市环境的陌生人。与此同时，新移民正在入驻但相互疏离，建立新的邻里社区才是未来发展的方向。无论是现代概念还是传统经验，"社区"都是指一个地方、一群人出于共同目标兴趣或价值观，进行共同事务及日常交互。适老性设计与新社区应该是街区发展的方向，或许可以重现老居民口中胡同、四合院作为人和人之间交往的场所的和睦气氛，激发出新的胡同文化。

关于物质空间的保护更新，单纯的修旧"如旧"或"如初"已经无法体现该地区文化内涵的全部意义，旧的历史文化与现代社会生活之间的碰撞才是在当下设计师需要重点思考的问题。"我们要有保留地对待过去，向它学习、从中汲取灵感、迁就它、但是要从中走出来"。在现代化的设计手段中，除了考虑材料、结构在历史留下的痕迹，更应当尊重该地区居民的意愿，而不是梦回"民国"或者任何一个以前的时代，不过度地干预历史街区每个阶段的更新改造，保留外界与本地居民对该地区最纯粹的历史记忆。

注释：

① 其他角度内容及各区域口述全文见豆瓣小站"院内院外实验室"，受访人对话均已上传。
② 作为北京古城重要景观的鸽子近年来呈不断减少的趋势，背后是鸽主的老龄化与街道管理的限制。多位鸽主从政策交叉中找疏漏为自己的鸽舍寻求合理性和安全感，相关鸽主的口述记录见豆瓣小站。

参考文献：

[1] DavidLowenthal and Marcus Binney，eds. Our Past Before Us；Why Do We Save It? London：Maurice Temple Smith，Ltd (1981.)
[2] DavidLowenthal. The Past is a Foreign Country. London：CambridgeUniversity Press (1985).
[3] [英] 尼克・盖伦特，史蒂夫・罗宾逊. 邻里规划 [M]. 北京：中国建筑工业出版社，2015.

图片来源：

图1~图3 作者自绘

作者：齐莹（通讯作者）北京建筑大学，建筑城规学院，讲师。一级注册建筑师；朱方钰：北京建筑大学，建筑城规学院，硕士研究生

虚拟影像与空间设计

——三维激光扫描图像在空间设计的应用

艾登

Virtual Image and Spatial Design ——Research and application of 3D laser scanning

■ **摘要：** 三维激光扫描技术从 20 世纪 90 年代中期发展至今，其形式和内涵都发生了巨大的变化，从诞生初期为了获取物体的外观数据，逐渐拓展到相关设计领域的优化工作流程，形成跨专业的可视化的空间设计应用手段，甚至在艺术与设计领域产生出新的艺术形式。本文将以深圳城中村改造中运用三维激光扫描技术的工作流程作为案例分析，探讨三维激光扫描技术在跨领域应用中所担当的角色，以及探讨如何挖掘出新的应用潜力。

■ **关键词：** 三维激光扫描　可视化　建筑设计　数字媒体

Abstract： The form and content of 3D laser scanning have undergone huge change since its developed in the mid-1990s. This technology was used to obtain the appearance in the beginning，gradually expanding into related fields to optimize their workflow and application，nowadays even have a bright future in the field of arts. This article will analysis a city village as case study to explain the role of 3D laser scanning in the cross-domain applications.

Keywords： 3D Laser scanning；virtual image；architectural design；digital media

1　三维扫描技术的发展历程和技术阐述

1.1　三维激光扫描的发展历程

三维扫描技术的历史可以追溯到 20 世纪 60 年代，科学研究中经常需要对物体的表面进行观测、测量长度和形变分析等几何构造和外观数据，三维扫描技术就是为了高效精确的解决这个需求而诞生，其收集到的数据可以在计算机中进行细致的测量。经过了多年来的迭代发展，三维扫描技术不单推动了工程制造业的前进，能够驾驭大型场地的扫描，还拓展到了地貌测量和遗址测绘等领域，随着技术指标的进一步提升，现在这项技术正逐渐往测绘学以外的领域渗透，包括医学、生物学、刑事鉴定甚至在艺术创作中也出现了相当多项成熟的商业运用案例，展现出了相当大范围的应用潜力。

目前三维扫描技术大致可以分为接触式扫描和非接触式扫描两大类，每类下边又可细分出众多不同的技术分支。不同工作原理的三维扫描仪各有其优缺点、技术局限性和造价成本的区别，需要依据使用场景决定使用哪款仪器。早期的三维扫描仪体积大且不易移动，局限在实验室内扫描小型物体；随着新算法的出现，三维扫描仪可以使用数码相机代替，便于携带到室外作业，然而基于图片像素位移的计算存在较高的误差率；直到 20 世纪 90 年代，出现了以激光作为光源进行主动测距的三维激光扫描仪，有效地解决了之前仪器的小范围和低精度的技术瓶颈，极大拓展了工作范围和应用领域，开启了三维扫描技术广泛应用的浪潮。

1.2 三维激光扫描的技术阐述

三维激光扫描技术 LiDAR (Light Detection And Ranging)，通过向物体发射激光脉冲并计算接受反射光的时间差来计算距离，大面积高分辨率地获取被测对象表面的三维坐标数据。三维激光扫描仪分为主机和底座两部分，通过竖直方向作高速旋转的镜面和水平方向作匀速旋转的底座实现了以扫描点为中心的全方位扫描，扫描出的点云 (Point Cloud) 可以将场地表面的三维坐标数据以及色彩信息记录下来，犹如相机一般快速准确地记录场地的真实面貌。

三维激光扫描仪的革新意义不单是技术指标上的大幅提升来胜任传统测绘领域的工作，例如激光的低散射性可以实现微米级别的准确定位，低衰减性让数百米甚至上千米的远距离扫描成为可能；还体现在对现实世界进行非常直观的数字化重现，广泛在还原场地模型、寿命评估、质量报告等方面提供了非常坚实的依据和帮助；此外它的魅力还在于创造性的跨领域合作所衍生出来的众多可能性，如何让工作流程变得更简易，让测绘领域外的用户也能够加工使用并创造出新的应用可能，成为拓展三维扫描技术运用的重大挑战。

2 三维激光扫描在设计领域的应用

2.1 三维激光扫描在建筑设计领域的应用

在建筑设计的开始阶段，场地勘探和基地分析对于后续的设计和施工是非常重要的设计依据，传统的工作流程是由主创设计师带领团队进入场地收集资料，制作基地分析报告手册，包括通过文案描述、实拍照片、绘制平面图、微缩模型等方式尽可能详尽和准确地记录场地现状，再回到工作室进行设计创作，而后再检验方案设计放回基地中的可行性 (图1)。这种线性工作流程由主创设计师全程参与和监督每个工作环节，对项目有着全局把控，然而其弊端也很明显：如果在设计和施工阶段遇到基地分析报告的信息缺失，比如地形限制遗漏部分区域、复杂地貌信息记录有偏差、信息碎片化难以还原出场地全貌等问题，需要设计师团队再次回到基地补充完善信息，然后才能继续推进设计和施工过程，返工导致工作周期的延迟；另一方面是线性的工作流程需要等待上一个步骤完成才能进行下一步操作，团队员工并不能同步推进工作，仍有可挖掘提高效率的空间。

而在引入三维激光扫描技术后的工作流程 (图2)，最大的改变就是将场地勘探的工作从主创设计师团队移交给第三方技术人员，他们将使用三维激光扫描仪把场地进行全方位的三维数字化建模，主创设计师不需要到达基地即可从三维模型里提取任何需要的场地信息，例如尺寸数据、基地高程信息、平面布置、照片信息等等，设计团队可以在工作室制作基地分析手册为后续的设计阶段做准备。由于三维激光扫描是将场地实景完全复原在电脑中，所以即使在基地分析手册中遗漏了部分信息也可以快速地在数字模型中检索到，让设计和施工环节不因遗漏信息而延误工期，极大地缩短了项目周期和风险预估，从而改进工作流程和提高效率。

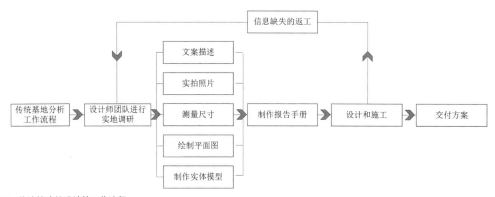

图1 传统的建筑设计的工作流程

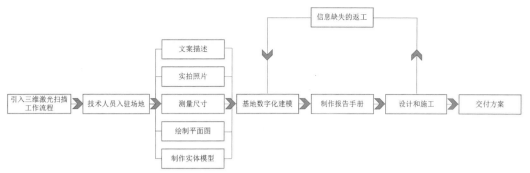

图2　引入三维激光扫描技术后的建筑设计的工作流程

2.2　三维激光扫描在城市设计领域的应用

三维扫描技术的应用分为两个环节，前期的数据采集，以及后期在计算机中的数字重现（图3）。在城市规划领域，无论进行城市更新还是历史建筑保护都需要对场地现状进行详尽的调研，三维激光扫描技术通过全局测绘，卫星定位和多观测点的拼接，确保了每一块区位信息都能被记录，同时基于激光和照片的彩色合成技术可以保证场地的每个细节信息也可以被真实记录下来，为数据准确性提供非常高的保障。数字化的城市模型也可以在方案展示中提供更多元化的呈现方式，能够任意调整摄像机角度进行观测，将方案放在模型中进行预测模拟，添加多维度的辅助信息进行细致的分析说明等。此外随着城市的发展，无论是终将拆除的城中村还是市井日常的人为活动，都是组成城市历史文化的珍贵遗产，三维激光扫描的数据也将成为记录城市样貌的重要历史档案，为未来城市分析提供依据。

图3　数字化扫描后的城市街景[①]

2.3　三维激光扫描在其他领域的应用

拓展来说，通过对道路、建筑、街区的扫描，其数字化的模型信息甚至能拼出整个城市环境，其潜在的应用价值足以改变众多行业。比方说传统的地图导航采用卫星照片作为参考，只能达到区分主次干道的精度，对有树木或者楼房遮挡的区域需要人工实地探测，而使用三维激光扫描技术，首先其精度远超卫星照片，其次三维模型解决了立体交通的遮挡问题，不单可以为用户提供更加精确的路径规划，甚至还能拓展出建筑内部的三维导航等新功能。三维激光扫描在艺术设计领域、电影特效、建筑空间设计、艺术短片方向也有着非常多应用，设计师无须再制作多边形建模就能达到照片级别真实场景的还原，获得非常逼真的浸入式体验。使用人群也逐渐从专业的测绘人员往工程师、建筑师、教师、刑警、艺术家、医生等人群扩散。

3 三维激光扫描图像的空间设计案例

梧桐山村作为深圳城边村，既没能像其他村落可以期待拆除重建的再造机会，也无法像其他水源保护区的村落受到更好的保护待遇，在城市更新如火如荼的今天，梧桐山村有着很重要的案例分析价值。这里以基站式三维激光扫描仪参与调研项目为例，讲述其工作流程以及如何将调查报告用虚拟现实的交互方式呈现。

3.1 前期的场地捕获信息

从扫描点的布置上说，通常建筑设计中需要考量的基地分析都在公里级别的尺度范围，而每个扫描点的有效扫描半径只在两百米左右，故需谨慎考虑如何布置每个扫描点以及每个扫描点之间的衔接，以达到尽可能少的扫描点覆盖尽可能多的场地面积。基于光的直线传播特性，三维激光扫描就好像在黑房间中点亮的一盏烛光，房间内的物体只有朝向光源的这一面能被点亮，其他面都是无数据的黑空间，对于一个建筑单体，捕获尽可能多的数据覆盖面意味着尽可能多不同角度的扫描点，同时减少重复的扫描面，这就得对扫描仪的布置位置进行非常谨慎细致的规划。在大多数情况下一份完整的三维激光扫描需要放置几十组甚至上百组的扫描点，才能让互相遮挡的部分都被扫描到。在图4中，梧桐山村其中一栋楼体的测绘用了二十余组扫描点。

从扫描设置上说，扫描精度和耗费时间呈线性上升的关系，以 Faro Focus Laser Scanner 为例，单点扫描耗时在3分钟到30分钟之间[③]，如何合理规划扫描点布置和扫描精度也是项目管理的一部分。按使用情况大致可以分为三类：在相对复杂的环境下，比方有人的场景等会随时间变化产生干扰变量，就需要在尽可能短的时间内完成扫描，可以将精度调整到最低；在基地测绘等大部分使用情况下，需要高精度的三维数据用于距离测量、高程分析和形变分析，适合设置到高扫描精度；而在可控的环境限定下，比方说古建筑文物保护、实验室和人体扫描等领域，三维激光扫描的数据需要真实客观地记录下原貌，且环境干扰变量较少，适合设置为高精度的彩色扫描。

3.2 后期的计算机数字化处理

完成前期现场的场地测绘之后，为了得到完整的场地模型以及逼真的表面纹理，还需要进行以下后期软件层面的操作。

（1）数据注册

三维激光扫描仪生成的数据是以扫描点为坐标系原点，呈放射状的半球体排布的点云，由于激光的不可穿透性让被遮挡的部分场景不能被记录，而且每个扫描点只能获取基地一个面的信息，所以需要依靠重叠部分的点云推测出每个观测点的位置，从而拼出完整的基地模型。

（2）点云修正

三维激光扫描仪可以选择扫描的精度和花费时间，在梧桐山村的案例中要保持场景的高精度而选用了耗时在10分钟左右的中等精度扫描，然而在室外的扫描必然伴随着大量的干扰变量，例如被风扰动的场景变化、空中浮尘、日照光影变化、过往行人等都导致各个扫描点在拼接后存在一定的误差，还需要对点云的数据进行筛选。尽管操作软件可以执行自动优化处理掉一部分噪点，然而多数情况还是需要依靠人工手动清除以获得更好的优化效果，如图5所示。

（3）纹理重建

各个扫描点的点云对齐和优化后，就得到了能够进行尺寸测量的黑白三维数字模型。如果需要真实的场景色彩信息还得对点云进行着色处理，默认设置下FARO扫描仪在激光扫描后会拍下全景照片，以便后期处理的时候通过色彩映射将黑白点云和彩色全景照片进行融合，实现黑白点云的彩色化处理。然而跟点云修正步骤一样，不同位置的扫描点拼接到一起也可能遇到画面撕裂的问题，这时就只能人工手动将全景照片一一处理来控制结果。梧桐山村扫描的其中一个场景的最终优化结果，如图6。

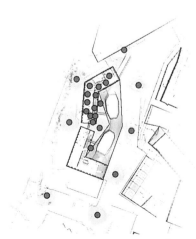

图4　梧桐山村的扫描点拼接位置示意图[④]

图5　梧桐山村的点云扫描，在边缘区域有破面和噪点需要手工清除

图6 梧桐山村的一个街区中庭场景的多扫描点注册和彩色化处理后的效果

3.3 模型的叙事性和可视化表达

如果将三维数字模型和舞台剧作类比，模型的叙事性表达就好像导演去编排演员动作、剧情台本、叙事分镜头。舞台剧中的演员就是三维模型中的设计主体，既需要远景也得有特写，充分表现这个设计在各种情况下的使用情境；舞台剧的剧情就是三维模型里的基地分析，通过叠加多维度的信息去交代设计背后的思考，制造戏剧冲突、解决方案和张力；而舞台剧中的分镜头就是三维模型里的摄影机运动路线，观众是如何走进这块场地的，场地四周有什么景观，是什么样的氛围，这些都可以通过摄像机的运动以及蒙太奇式的视频剪辑来塑造。法国建筑师让·努维尔曾说过："不想当电影导演的哲学家不是好建筑师"，在三维数字化的场地模型里，这两个职业被完美的统一起来了：三维数字化模型可以让导演从上帝视角更好的把握叙事结构的脉络关系，电影叙事性的表达可以延伸建筑师对于意义与感性的研究，他们最终的成果都是让人们去观看、去感受。

梧桐山村的呈现效果最终选择了巨型荧幕的投影方式（图7），一方面是考虑在近乎一比一的画面下可以让人们更切身感受到当地居民的日常生活场景，配合当地采集的环境背景音，沉浸到一个虚拟的世界中；另一方面是通过场景的颗粒状点云形成的超写实画面使人感受不安，暗喻梧桐山村的命途多舛；同时影片的视角也多选取日常很难接近的缝隙拐角以及上帝视角，镜头与场景的互动在切身融入和置身度外之间来回切换，阐述了梧桐山村在深圳城市发展上的矛盾属性和潜在危机。

图7 作者制作的梧桐山村的虚拟现实互动投影

4 结语

　　随着三维扫描技术的逐渐完善，扫描仪器更加轻量化和小型化，以及使用成本的降低让更多的用户接触到这项技术，我们可以预测三维激光扫描技术将来在相关领域必然会扮演着更加重要的角色，并带动更大面积的跨领域研究。伴随着计算机图形处理技术在建筑领域的大量使用，传统的手工绘图已经退出了历史舞台；三维打印机的普及也让复杂的异形体建筑可以大规模生产；三维激光扫描技术运用了其空间测量技术，可以快速、精确地将任何地点的场景进行三维数码还原，提高项目的运转效率，取代了基地分析模型的搭建环节，节省了大量前期准备的时间；使用三维空间扫描和虚拟现实技术的协同合作则改变了项目展示的方式，从平面图纸的讲解说明转为浸入式的空间体验，让客户可以用一种更贴近人的自然观看的更高效直观的方式了解项目，给传统建筑设计、城市规划、电影广告特效等领域带来变革性的突破，必将成为将来的发展趋势。

注释：
① 英国 Scanlab 组织对建筑和城市的激光测绘，还原了真实的城市三维场景。
② 蓝色圆点为扫描仪放置的位置。
③ 数据来源 FARO 官网，www.faro.com
④ 城中村的一个中庭，可以通过各种角度进行观测。

参考文献：

[1] Lengagne R，Fua P，Monga O. 3D stereo reconstruction of human faces driven by differential constraints[J]. Image and Vision Computing，2007，18：337-343.
[2] 陶立，孙长库，何丽等. 基于结构光扫描的彩色三维信息测量技术 [J]. 光电子·激光，2006，17（1）：111-114.
[3] Brett Allen，Brian Curless，Zoran Popovi. The space of human body shapes[J]. ACM Transactions on Graphics（TOG），2003，22（3）.
[4] 刘晨，费业泰，卢荣胜等. 主动三维视觉传感技术的研究 [J]. 半导体光电，2006，27（5）：618-623.
[5] 吴玉涵，周明全. 三维扫描技术在文物保护中的应用 [J]. 计算机技术与发展，2009，19（09）：173-176.
[6] 李忠富. 三维激光点云与彩色影像融合方法及其工程应用 [J]. 山西建筑，2013，39（23）：193-194.

作者：艾登，深圳大学建筑与城市规划学院，讲师

既有教学建筑更新改造研究

——以河北工业大学建艺学院楼为例

周子涵

The Reconstruction and Renovation of the Existing Teaching Building
——Taking the Architecture and Art Design Academy Building in Hebei University of Technology as an Example

■ **摘要：** 该项目地处天津市北辰区河北工业大学，是对原有建筑与艺术设计学院楼进行改扩建。基于对国内建筑学学院楼适应性改造的分析及原有学院楼的现状问题调研，强调自下而上的自发性设计和绿色生态的概念，从场地激活、功能置换、空间重构、生态节能四个层次对原有建筑进行功能重组；通过加建情节空间、改建消极空间、重组原有功能空间协调新旧部分的室内外关系，进行建筑环境空间的再设计，对既有教学建筑更新改造的可行性手法进行探讨。

■ **关键词：** 更新改造　建筑环境空间再设计　功能重组　空间重构　生态节能　学院楼自发性

Abstract： The project is located in tianjin beichen district，hebei university of technology for reconstruction of the original building architecture and art design college of. Based on the analysis of domestic architecture college building adaptability reform and the present situation of the existing school building research，emphasizing the spontaneity of bottom-up design and the concept of green ecological，from site activation，functional replacement，space reconstruction，ecological energy-saving four levels of function of the original building of restructuring；Through the construction of the plot space，the redevelopment of the negative space，restructuring the original feature space，coordinate the relationship between the old and new part of the indoor and outdoor architecture environment space design again，to have the feasibility of the teaching building retrofit technique were discussed.

Keywords： upgrading，the construction environment space design，functional reorganization，space reconstruction，ecological energy-saving building，school of spontaneity

国家自然科学基金面上项目：基于系统分析的建筑"形成-空间"生成方法优化研究（项目编号：51778401）

一、引言

我国的建筑教育自从20世纪兴起以来走过了近一百年的风雨历程，已经初步形成了具有我国建筑教育本土特色的建筑教育体系。然而由于建筑学科本身的特点，国内各高校本科教育和设计单位的工作要求常常脱节，这是当前中国建筑教育面临的一个比较主要的问题，亦是当前建筑教育模式发展的一个必经环节。

一方面，国外的建筑学教育体系常常能打破死板的教学模式，因地制宜，因人施教，结合专业特色创建studio模式，教学手段多样，效率较高。国内的建筑教育要想有所突破必须在教学思维和教学模式上进行转变，这种内化的转变从某种意义上要得力于外界条件的催化和影响。另一方面，近年来越来越多的学生选择建筑专业，这也使得国内的各个建筑院系出现了新的问题——地与人的矛盾，建筑教育资源短缺，以及如何解决全国各高校建筑学院的改扩建问题等，创造出具有建筑学特征的空间，也成为当代建筑教育发展的重要问题之一[1]。

二、国内建筑学院教学楼的适应性改造现状

（一）改扩建的关注重点

随着研究生的扩招和学生数量的增长，如何拓展建筑馆的使用面积，提高空间使用率成为各建筑学院在教学楼改造中的主要任务。除了在原建筑馆的基础上进行空间拓展外，同济大学根据本校情况以毗邻式改扩建模式进行改造，东南大学则根据校区空间的限制探索出分散的"独立式"改扩建模式，都具有很大的借鉴意义。同时，在功能策略上注重功能空间系统的建立，空间策略上关注空间效果和人文、绿色空间环境的更新，以及适应开放、互动教学模式的空间布局方式的调整，运用信息技术和生态技术提高建筑馆性能，这些方面都成为建筑馆改扩建更新关注的重点[2]。

（二）空间策略——艺术与人文

建筑馆的室内空间是校内学生和老师使用频率最高的空间，室内空间的渗透以及对不同年级、不同专业学生交流渗透的暗示，时时刻刻给青年学生们以启迪和熏陶，是表达建筑教育理念、激发学生创造力、传授设计方法的有效途径。通过空间的形态、建筑的材质、光影的变化等手段，营造出一种能激发学生创造力，感染学生学习气氛的空间形态，主要包括空间尺度的多元探索（形态）、空间属性的材质表达（界面）、空间氛围的文化嵌入（人文）、空间效果的艺术塑造（光影）以及空间环境的自然渗透（绿色）等[3]。

（三）功能策略——多元与复合

建筑馆的功能组成也随着建筑教育发展的深化而呈现多元和复合性的趋势。依据建筑学教育的多级化，将教育过程分为基础教育阶段、专业教育阶段和研究生教育阶段，根据各阶段的差异性增加教学模式的灵活性和适应性，提高对学生专业基础能力、设计能力、动手能力、艺术修养和合作能力的培养，并注重评

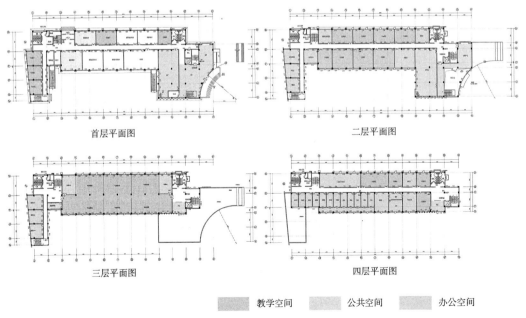

首层平面图　　　　　　　　　　　　二层平面图

三层平面图　　　　　　　　　　　　四层平面图

教学空间　　　　公共空间　　　　办公空间

图1　建筑现状平面图

图室、模型室、联合设计教室、图书资料室等功能的灵活分隔和分时使用。

设计中的教学组织模式也是影响功能布局的一大重要因素。现各高校基本模式均为跨班级或跨年级授课制，具体分为 Studio 教学模式、导师组负责制教学模式和候诊式教学模式。Studio 模式是目前国外建筑院校的主流教学模式，教授提出一个设计项目或者研究课题，学生可以根据自己的兴趣对教授提出的研究课题进行自主选择，加入由不同专业不同年级的学生共同组成的 Studio，在教授的带领下共同完成一个课题，导师像医生一样跟学生进行座谈式教学，有助于发挥学生的学习主动性和激发学生的学习兴趣。教师可以通过最后作业严格的评价机制来促发学生对于课题的积极性，从而形成了一种良好的互动模式 [4]。

同时，基于各教育阶段教学特征的教学空间体系的创建，出现了开放式大空间适应跨年级跨专业联合教学环节。开放式大空间是为了促进学生交流而形成的设计教学空间形式，根据学生的数量大致计算空间面积和灵活分隔使用，并加强不同的年级甚至不同专业的共用模式。

（四）开放机制——评图空间模式的更新

评图是建筑学教学课堂的一个延伸，亦是推进学生成果进步的重要阶段性过程。影响评图空间形式的因素主要有评图观念的转变和评图工具的进步。随着评图空间由封闭式向开放式的发展，提倡评图的过程公开化，教师和不同年级不同专业的学生共同参与到评图环节中来，评图的过程中学生对自己的作品进行表述和介绍，教师们根据某一标准进行作品讨论，其他学生通过例子对某项议题进行讨论和思考。评图环节让所有人共同思考，激发创作活力，促进了教师和学生之间、学生与学生之间的交流和讨论。

三、基地现状调研

（一）项目概况

该项目位于天津市北辰区河北工业大学校内，周边分别为土木学院、文法学院、经管学院，共同围合形成广场空间。该项目拟对现状进行改造和扩建，调整现有建筑与道路的关系并增加各学院间的联系，提高建筑空间环境规划的整体性，并重点对原有建筑功能进行梳理，适应现有教育模式并符合绿色建筑的基本要求。

学院下设建筑系、城市规划系、艺术设计系（含环境艺术设计专业方向和视觉传达专业方向）、工业设计系、基础美术部、建筑技术研究所及实验中心等教学科研机构。目前，学院在校本科生有850余人，硕士研究生310人。学院在职教职工有102人。建筑学和城乡规划为五年制专业，每个年级有建筑学两个班，城乡规划一个班；艺术设计、工业设计、产品设计为四年制，每个年级有艺术设计四个班，工业设计一个班，产品设计一个班 [5]。

（二）调研方法

为了使调研结果真实准确，本次调研及改造提出了明确的调研思路，首先对建筑的现状进行实地勘测，同时在网上查阅了大量文献资料并设计出调研问卷进行民意统计。主要可以总结为以下三种方法：

1. 文献查阅法：搜集建艺学院楼的基本信息以及优秀国内外案例，还有当前建筑绿色节能改造研究现状。

2. 实地勘察法：实地勘察调研学院楼老师和学生对于学院楼改造的意见，并对建筑的立面、形体、材质进行详细的拍摄和测绘工作。

3. 问卷调查法：针对学院楼现状分别针对学生、老师设计调查问卷，对象主要包括本学院老师及学生，同时进行数据的分析和整理。共收回老师问卷48份，学生问卷188份。

（三）存在问题

通过实地调研和对各年级老师及学生问卷数据的分析和整理发现，在整体上主要存在以下问题：在教育模式上，课程设置基本一致，教学模式单一，缺少实践基础和实践活动；在管理模式上，建筑系馆的管理模式不灵活，一个完全和设计教室隔离的图书馆使用不便，缺乏建筑系馆应有的空间氛围，一方面空间单调重复，缺乏感情，另一方面，部分空间过于追求个性而忽视了舒适度。

在人群使用分类上，从学生角度来看，主要有：(1) 缺少储物空间；(2) 资料室过于封闭；(3) 缺少模型工作室；(4) 地下室和部分教室浪费；(5) 缺少公共性空间。

从老师角度来看，主要有：(1) 教学空间模式差；(2) 作业存档空间不足；(3) 西向办公室西晒；(4) 评图空间不足；(5) 空间之间缺乏联系。

四、方案设计

（一）设计思考

对既有学院楼的更新改造设计主要考虑五方面的问题：

1. 建筑学学生对空间的态度；

2. 根据建筑学特点创造的行为模式；

3. 空间对结构的暗示；

4. 方案对时间和空间的阐述；

5. 基于功能的多样化所导致的绿色改造对建筑综合体的影响。

（二）概念生成

出于对设计的指导性考虑，这里提出一个跨界的词——Cybernetic（控制论）。Cybernetic 的一个核心思想就是，这个东西是做什么的，怎么工作，而不是这个东西是什么。复杂性科学的理论框架下认为系统是可以自组织的，一个系统可以自己调整到最佳状态，自然可以自己调控，人的身体可以自己调控，社会的组织形式可以自己调控。自组织理论也被应用到城乡规划专业上，这对自上而下式的设计是个很大的打击，例如现代主义建筑师的英雄主义的社会抱负后来被认为是很有问题的。在肯定了 Cybernetic（控制论）框架体系下，自下而上的自我调控就变为了一个不争的事实。接下来考虑的就是 Cybernetic 的核心思想——这个自我调控是怎么工作的，可不可以发现其规律加以控制、模拟和引导。随着信息化高速发展，整个社会出现越来越多的层级、交叉联系、信息转移。如何应对、理解、控制复杂的系统成为一个共性问题。例如交通不只是交通，而是城市规划、居民购买力、经济水平等问题的综合体现。广义的 Cybernetic 成为一种背景知识和思潮，狭义的则逐个研究其中的这些问题，建筑也在其中[6]。

Cybernetic 的理论阐述激发了对建筑学教育定位的思考，在国内的建筑学教育中，特别是一些优秀的建筑学院，不难发现学生的作业存在一种"标签"式的印痕，太多的条条框框束缚着学生的创造性思维和主动性参与。方案设计以及画图方式存在着固有的"风格化"特征。这种"千遍一律"的教学成果从正面可以理解为充分体现了该校的基本功和教学环节，但是从另一个层面上，也正是这种"模式化"的教学模式使得我们的学生在设计之初就被剥夺了创造和叛逆的天性。反观国外的建筑学教育，不难发现国内这种"自上而下"的建筑学教育态度正在渐渐被时代摒弃，"自下而上"的自发式主动教学相应成为主流趋势。如果将国内建筑行业喻为人，建筑学学生则为一个个新生细胞，而如何调动这股尚未建立起建筑观的新生力量，新生细胞又如何实现自我调控，成为了激发建筑业活力的立身之本。由此对新生细胞的积极性调动以及从推动不同年级间的交流出发，便形成了此次设计的核心概念，即自下而上的学科自发性设计。

正如伯纳德·屈米认为："与其说建筑是一种有关形式的知识，不如说它是知识的一种形式。"如何将 Cybernetic 的这种设计概念向建筑实体转化，重塑一种"知识的形式"成为了设计主要研究的任务。而这种形式的载体即为人本身，设计的切入点即为人的活动轨迹——向量。用"向量"活化空间，围护结构定义空间，行为激活空间，空间创造事件，水到渠成，通过对向量空间的研究，建筑的语言生成建筑学活动的事件发生器[7]。

（三）操作手法

建艺学院作为建筑专业学生学习的主要场所，可以说是学生以建筑学的视角感知空间的第一个场所，因此这个场所本身对学生具有建筑和空间启蒙的深远意义，亦可以说是一名建筑师踏上漫漫建筑路的第一块基石。设计试图通过对建筑系馆设计的过程及其表现出的结果表达一种力量——给予或是提供给建筑学学生一种对空间的态度，对设计逻辑的感知。思考一个建筑的发生——线索是如何产生的，然后线索是怎样引导相应的手法，最后建筑的面貌如何决定和产生。

设计在剖面上观察了原有建筑系馆中的空间形态与运动模式，结合建筑学学生的行为模式，发现其缺少开放与交流的特性，因而试图打破这种单一的空间形态，创造一种流动交流的空间[5]。将建筑抽象为块、片、杆三种构件元素，由于板片这种构件具有对空间运动方式和空间形态进行界定的双重特性，设计选取板片为操作元素以错位的手法进行操作（图2）：

1. 抽取了板片的空间意义忽略其建构上的意义，对空间进行概括和划分。通过对其围合的剖面切片进行调整，达到对行为模式的改变。

2. 加入对场地等外界条件的影响，对其空间形态再一次进行调整。

3. 根据功能上的物理性需要，对其内部形态进行协调和深入设计。

4. 加入建筑材料的因素对板片这一抽象元素进行替换。

设计试图通过整个过程以及其表现的结果来回应一个建筑学最基本的问题：一个建筑是如何发生的？对于未来的建筑学学生而言，千变万变唯一不能改变的是对于设计怎样发生的思考和设计逻辑性的探讨。设计不是空穴来风，更不是异想天开，而是对于空间行为的思考，对于空间的态度的认知。

（四）设计内容

1. 场地激活——加建情节空间

学院楼在南向加建空间下沉 3m 与原有建筑相联，剖面上形成连续性空间。试图通过加建墙体创造三个空间层次：（1）作为学生活动演出、展览讲座的可变性大空间，空间通过家具排布方式和尺度模数呈现弱性围合。（2）作为评图展示、休憩学习的冥想性空间，通过威卢克斯窗的天光采光以及南侧加建墙体的实体围合创造静谧空间，同时在加建墙体的地面以类似带形洞口的形式将人的视线引入公共性大空间，在二层层高 2m 的地方戛然而止，既保证了二层阅览空间的私密性又不破坏加建大空间整体性，创造出类似园林的可望可听却不可达的意境。（3）通过下沉层高的变化，最大限度地利用原有地下室空间（图3）。

2. 功能置换——改建消极空间（图4）

打破原有封闭展厅、资料室，一、二层建筑

学教室分别以展厅、资料室为中心呈围合性展开。在材料的使用上多以玻璃为主，一方面增大了评图和阅览的空间使用效率，另一方面保证了建筑的光环境。

3. 空间重构——重组原有功能空间

重组原有教室，在保证大空间的同时以书架和展板等围合空间，隔而不断，同时解决了学生储存的功能需求。首先，在三楼教室将班级以组团的形式组织，在保证每个班的私密性的同时每两个班共有一个公共性平台，每四个班共用一个公共交流空间，班与班之间楔形咬合，创造更多的公共空间。其次，增加导师研究室面积，创造双导师研究室制度；在保证每名导师私密性空间的同时，两名导师的研究生共用一间工作室，一方面解决了人力与面积的浪费，另一方面打破了研究生学习交流少的局面。最后，调整老师教研室位置，将教研室从西侧置换至南侧，原有空间用作档案书籍储存，在改善办公环境的同时亦解决了作业的储存问题。

4. 生态节能——可持续建筑（图5）

在设计过程中查阅大量的绿色建筑相关资料，并以《天津市绿色建筑评价标准及评价细则补充说明》对项目进行衡量和评估。对热环境进行模拟，分析得出热舒适值的最优范围，成为立面改造的生成逻辑，在加建展厅中增添威卢克斯窗。通过风环境模拟分析，调整方案的中庭空间，做到区域通风及室内自然通风效果最大化，在保证空间感良好的情况下，一方面注重被动式设计调整加建中庭的墙体的高度及与原有建筑的间隙距离[16]。

注重屋顶热工处理，增添光伏幕墙及太阳能板并进行屋顶绿化。研究原有开窗形式，原南立面加设外挡光板，加建中庭增加可移动遮阳穿孔板。原西立面增添绿植及遮阳设备，原东向门厅加建阳光房形成双门斗。针对地下空间铺设防潮材料，改善空间质量。

五、结语

本文在进行国内建筑学院教学楼现状的对比和相关理论的基础上，展开对国内建筑学院改扩建这一问题的探讨，并对河北工业大学建筑与艺术设计学院建筑空间展开了研究与再设计。围绕项目和基地的现状进行问卷调查、归纳问题，从人的层面上寻找问题点——充分研究该校建筑基础教学模式，并与国内外优秀学校进行比较，探讨其学院的教学环节的主动性和积极性；从地的层面上提出矛盾点——在本就不富裕

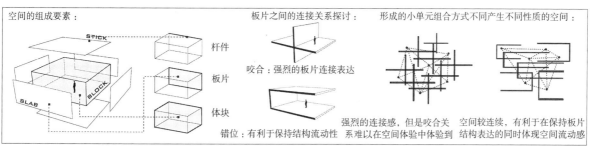

图2 板片操作手法

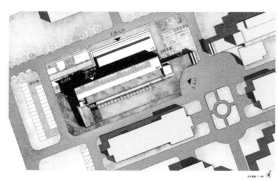

图3 总平面图

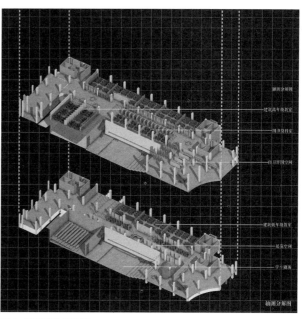

图4 建筑改造拆分图

外围护的透明性：

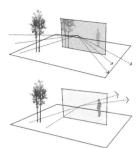

设计中外围护使用的特殊折射率的玻璃幕墙。

原理：不同的光线入射角度变化可以引起折射和反射。角度较大的光线大部分反射回去，使玻璃表面产生倒影。角度较小的光可以线透射过玻璃，进而反映出室内的场景。

体量感被彻底消除，角部界线被削弱。

中心图书馆报告厅采用可控制的开窗形式，将材料实现半透明性。

半透明性可以在需要的时候实现视线和空气的连通，根据使用者需求的不同变化而改变开洞大小及形式。通过计算机操作技术对构件进行控制。

图5　材料可视度分析

的建筑空间内存留着大量的闲置空间，成为建筑学院的盲点，然而在本应开放的教学空间人的实际感受却是局促有限的，空间的利用效率极低。

设计试图通过对矛盾的梳理来解决现存的问题，提出对建筑环境空间再设计应该采用场地激活、功能置换、空间重构、生态节能四种设计方法，通过加建情节空间、改建消极空间、重组原有功能空间和可持续的改造手法将建筑室内空间和环境空间结合考虑，通过对空间形态的营造以及对功能的调整和改变进而对建筑学院教学活动产生积极影响，以信息交流模式的改变达到对教学模式的调整和改善；坚持"有机建筑"和"可持续发展"的理论思想，以解决现存问题为基础，设计过程注重生态与人文的结合，提倡具有可识别性的"生长型"建筑。同时从师生使用者的角度考虑，以方便师生在该环境空间中进行学习、交流、生活等一切交互性活动为出发点，进行自下而上的自发性优化与再设计，促进交互性活动的发生，增强使用者的归属感，提高空间利用率。

参考文献：

[1] 王一平，李保峰.建筑教育论题之建筑系馆设计 [J].华中建筑.2010.

[2] 赵劲松.非标准改造：当代旧建筑"非常规改造"技巧 [M].江苏科学技术出版社.2013.6.

[3] 徐光.旧建筑改造设计（基本原则与案例分析）[M].中国书籍出版社.2015.10.

[4] 孙铭.建筑教育发展进程中建筑馆的适应性更新设计研究——以青岛理工大学建筑馆为例 [D].青岛：青岛理工大学.2013.12.

[5] 河北工业大学建筑与艺术设计学院设计初步教学 [M].《中国建筑装饰装修》.2013

[6] Snaill.《cybernetic 和建筑，以及很多题外话——1》[EB/OL].https：//www.douban.com/note/119291989/.2010.12.

[7] 周蓓蓓.透明、半透明、不透明——建筑表皮 [D].中央美术学院.2014.5.

[8] 高峰.GH 学院环境设施及旧楼改造项目的可行性研究 [D].南京：南京理工大学.2006.11.

[9] 殷俊.探索中的 CROSSOVER——S-M.A.O. 的建筑理论与作品解读 [J].合肥工业大学.2013.4.

[10] S-M.A.O. 桑丘 - 玛德丽德霍斯事务所设计作品 [M].中国建筑工业出版社.2004.5.

[11] Dopress Ltd. 绿色建筑·公共 [M].江苏人民出版社.2011.9.

[12] 张建龙，谢振宇.同济大学建筑与城市规划学院基础教学楼改造设计 [J].时代建筑，2011.（1）.

[13] 陈宇.建筑归来：旧建筑改造与再利用精品案例集 [M].人民交通出版社.2008.6.

[14] [英] 肯尼思·鲍威尔.旧建筑改建和重建 [M].大连：大连理工大学出版社，2001.4.

[15] 黎志涛.中大院的新生.东南大学建筑系馆改造 [J].建筑学报，2003.11.

[16] Dopress Ltd. 绿色建筑·公共.江苏人民出版社 [M].2011.8.

图片来源：

图 1- 图 5 作者自绘

作者：周子涵，天津大学建筑学院

室内设计教学中的专业视野拓展与学科交叉

杨宇　李梦祎

Professional Vision Expansion and Interdisciplinarity in Interior Design Teaching

■ 摘要：培养学生的创新思维是在设计教学中作为设计方法训练的最终目的。如果将设计定义为"解决问题"，那么创新的基础是建立在对问题的深入理解之上，创新的过程就是一个解决问题的途径。而今天，"问题"的范畴超出了既往的功能或建造属性。它既可能是使用功能的优化、美学形式的突破，也可以是一种新的生活方式的出现，甚至是一种可传播的话题现象。"专业视野拓展与学科交叉"就是让学生基于不同的视角和领域去发现新的问题并寻找解决方案，从而实现设计的"唯一性"所建立的创新思维方法。我们尝试通过这一方法，让设计以一种前瞻且具实验性的方式介入当前的社会现实，为室内设计教学注入一种具有时代特色的多元性。

■ 关键词：创新思维　开放性视野　学科交叉

Abstract：The ultimate goal of design method training in the design teaching is to cultivate students' ability of creative thinking. Considering that the design is defined as "solution of problem", innovation is based on a profound understanding of the problem and the process of innovation is a solution to the problem. Nowadays, the scope of "problem" has exceeded the functional or construction property in the past. It may be a breakthrough of use functions and aesthetic form, the emergence of a new lifestyle, or even a communicable topic. "Professional vision expansion and interdisciplinarity" allows the students to discover new problems and find solutions from different perspectives, so as to achieve the innovative thinking method which is established by the "uniqueness" of design. This paper tries to use this method to make the design get involved in the current social reality in a forward-looking and experimental manner, and bring the diversity with time characteristics to the teaching of interior design.

Keywords：Creative Thinking；Open Vision；Interdisciplinarity

当下全球化的发生和发展带来了知识结构的变革。在现有的工业、农业经济基础上出现了"知识经济"(The Knowledge Economy)的新概念。知识经济是建立在信息共享以及网络化、跨学科等技术革命之上所产生的新型知识体系。在这样的形式下，室内设计的内涵和外延已经得到大幅拓展，我们必须以更加开放的视角去寻求适应今天学科发展的室内设计教学方法。如果将摄取知识的方式比喻成一个穿越迷宫的过程，借用意大利学者安伯托·艾柯(Umberto Eco)对于百科全书的阐述，传统的学习途径是由老师讲授到学生接受的自上而下的呈线状的寻找答案的"阿里阿德涅之线①"。随着知识面的拓展，随之进入到树状的模式中，即：以发散性思维为导向，从单一问题入手，从不同的角度和思路寻找解决问题的方法。而当下，面对全球化到来之后的信息化和知识共享时代的到来，知识的学习进入到了网状的结构。问题与解决方案并不是以单一的路径联系，而是以动态的形式与各种看似无关的节点相结合。全球化的后果还导致了所谓的"距离的消失"或者"地理学的终结"。市场、经济社会与环境的日益全球化与国际化，会打破时空的界限……都市与区域研究者现在正在采用一种更具学科交叉性的综合视角来理解全球化与地方化。②

在这样的背景下，一些设计专业开始整合自身院校资源，调整和补充原有教学内容，在设计方法、设计思维等设计本体的层面上进行变革。室内设计的范畴已经不再局限于作为传统的"设计技能"，设计师的角色也不再是单纯的服务者，而是以更加积极的态度参与到市场的决策中。产业的发展需要设计师具备美学、工程学、管理学、心理学等多学科的知识储备。市场的变化让我们意识到，设计师必须要跳出形式语言的圈子去思考到底是什么决定了设计的结果。设计不仅需要完整的理论系统，同时需要对社会的理解，包括对人性的理解，对生活方式的理解。理解的越透彻，未来在设计上施展的空间就越大。室内设计的专业需求使得从业人员不仅要快速了解和掌握最新的各类资讯，还要学会通过多学科的途径进行合理的知识转化并实现设计创新。这就对室内设计教育提出了新的要求，即不仅要在设计技巧和艺术素养方面对学生进行训练，更要让学生能借助哲学、社会学、语言学、心理学、工程学等多学科的专业成果和工作方法寻找设计灵感的来源，探求设计的本质。

1 系统性设计教学的学科体系建立

当下设计院校的课程体系不仅要注重为学生提供更多跨学科的学习机会以增加多元的知识贮备，而且也要注重培养学生筛选分析数据信息、整合多学科知识以形成设计创新成果的能力，并且逐步走向以"系统设计"为代表的主动而自觉的跨学科合作。经过了1990年代室内设计教育的人才积累，以及大量海外留学和工作人员的回归，设计院校教师的知识结构和生活经历相比上一代教师更为丰富。与此同时，随着多年的教育改革和扩大招生，学生的知识背景也更加多元化，从早期的以艺术类高中毕业生为主，逐渐发展到包含艺术类高中和普通高中文、理科全部类型的高中毕业生。特别是近些年来，各重点设计院校的部分学生文化课入学成绩甚至已经与非艺术类重点大学十分接近。由此可以看出，无论是教师的学术背景，还是学生的知识结构都呈现出多样化和综合性的特征。

在中央美术学院建筑学院的室内设计专业课程中，课题内容的安排均与当前比较现实的社会需求相联系，例如建筑改造、餐饮、办公、酒店等不同课题，我们提倡的是首先让学生对相关行业进行细致的调研，并要求学生在进行课程设计的开始阶段，就必须要进行深入的场地和社会人群调研，在充分掌握第一手资料的前提下，再通过进一步的分析和研究，梳理出设计需要解决的问题和最终所需要实现的解决方式的愿景。调研之后就是对相应的运行模式进行探讨。探讨之后他们会发现，除了设计的形式语言之外，业态背后的功能需求或运营模式可能才是决定设计结果的重要因素。之后，我们鼓励学生打破传统的业态模式，以一个具有前瞻性的消费体验来探讨新型线下商业拓展的可能性。一方面，在这些多元化的教学形式中，不仅培养学生的设计思维，也更加强调学生的动手能力，信息收集与整合能力，团队协作能力，交流与沟通能力等作为设计师的综合能力。另一方面，在不同的教学形式中融入了不同的设计思维训练。如在调研考察中，学生需要接触统计学、社会学等。在设计概念与方案整合中，学生对于基于人物、空间、行为的叙事性场景建构的方式有所了解和掌握。在材料模型的制作过程和图纸绘制中，更要面临大量的材料物理与建造、结构等各种问题。

2017年三年级室内设计专业旧建筑改造课题——"胡同智造"

我们在北京天桥区域的胡同区域选择了5处正待改造的院落，面积大小从30m²到300m²不等。学生自由选择其中一个具体的院落，进行建筑改造和室内设计。我们在这个课题之中要求学生结合胡同居民的生活方式和场地条件，思考一种新的空间模式并完成相关设计。场地有意选择旧城胡同小型院落，目的是让学生从小尺度的空间入手，更为直观地理解人、室内、建筑、环境之间的相互联系，

图1 方案采用叙事性空间建构的方式对人的日常行为与空间的互动进行分析，试图通过对单一空间形态注入更加多元化的使用模式的方式，使传统胡同产生新的活力

使学生经过一系列的设计训练，初步掌握并总结出一套适合自己的设计方法和思维习惯。我们鼓励学生从"环境改造"的角度去理解和认识新与旧、内与外、身体与空间之间的相互关系，培养学生以问题为导向的设计思路和方法。

"从玩家到设计者"——设计策略中的跨学科视野

如果说设计是一场游戏，我们希望学生成为游戏的设计者，不要总做游戏的玩家。未来的设计师绝不再是单纯的设计服务者，一定要去参与到制定设计策略的工作里去。这一研究过程本身就是把学生推出教室，让他们站到鲜活的社会问题的前沿，并在此基础上尝试寻找可行的解决之道。历史学、文化地理学、社会学的系统知识和统计学的分析方法结合田野调查的实践成果，可以为设计创新提供坚实的基础和极具价值的线索。作为跨学科的学术支撑，综合性的高等院校以及在建筑学专业框架下设置室内设计专业的院校在这方面有着一定的学科优势。通过学生跨专业选课以及不同专业背景的学生互动交流，可以整合多专业跨学科的学术资源，以应对较为复杂的实践课题。例如，原中央工艺美术学院并入到清华大学后，环境艺术设计系借助清华大学综合性的学科体系和国际前沿的学术资源，在教学中拓展了室内设计的专业范畴，将建筑、室内、景观、规划进行学科互补与融合，形成宽基础的专业优势。学生不仅可以在美术学院的相关设计专业之间选修课程，还可以依据个人兴趣借助综合性大学的学科平台，在包括工程技术、人文社会科学等更为广泛的学科专业之间进行自由的选课，使得学生的专业视野获得更大拓展，这样不仅可以从交叉的学科资源中获取创新的设计思路，而且为进行跨学科的课题合作提供了更多的可能。与此同时，当代戏剧、音乐、视觉艺术以及其他相关门类设计专业的实践则从另一个侧面为室内设计提供了养分，这些以艺术化、直觉化的思维方式去回应当前社会所面临的现实问题的创作方法同样给予室内设计专业以启示。在这一方面，无疑艺术类院校有着内在的遗传基因和先天的优势。

2017年第六工作室毕业设计——"时空"&"漫游"

此次设计主题是未来的商业空间。设计策略是希望打破传统的餐饮、购物、休闲娱乐等业态模式，以一个具有未来感的消费体验来探讨新型线下商业拓展的可能性。学生们以"时空"和"漫游"为主题，尝试以商业策略结合空间设计去探讨"未来"的多种可能性，给大众提供一个超越于日常生活之外的空间体验，让未来与现实、个性与共性、时间与空间的认知多重并置于我们所建构的每一个瞬间——情绪、气氛、一次消费或一项功能中，让空间成为包容所有情感的容器。

图2 该作品并没有从通常意义的业态入手，而是从艺术与商业的交互出发，引入了"浸没式"戏剧的概念，设计者将消费场景融入到一个经过重构的剧场中，通过让客人在沉浸式娱乐中实现营销的消费行为转化

2 建立学科交叉的综合教学平台

我们需要在设计教学中围绕时代的变化不断调整教学策略，建立更为活跃的、共享型的、开放的教学平台。学校的授课形式除了传统的课堂讲授之外，应逐渐形成以课堂教学为主、辅以实地调研、实验室教学、社会实践等多种形式的综合性教学模式。一方面，在这些多元化的教学形式中，不仅培养学生的设计思维，也更加强调学生的动手能力、信息收集与整合能力、团队协作能力、交流与沟通能力等作为设计师的综合能力。另一方面，在不同的教学形式中融入了不同学科知识。如在调研考察中，学生需要接触统计学、社会学等。在实验室教学中，学生对于数字化软件、机器操作、声光学知识都必须有所了解和掌握。在社会实践阶段，更是要面临大量的设计之外的建造、管理、人际交往等各种问题。学校在设计教学中更加围绕市场及时代的变化不断调整教学策略，建立更为活跃的、共享型的、开放的教学平台。任何一所学校的室内设计专业都不是唯一存在的，必然有相平行的各个领域的设计专业，如平面设计、工业设计、摄影、多媒体等。当下，室内设计已经发展成具有多学科融合协作的特点。因此，在教学上，学校也在利用自身专业结构优势，打破学科间壁垒，让室内设计

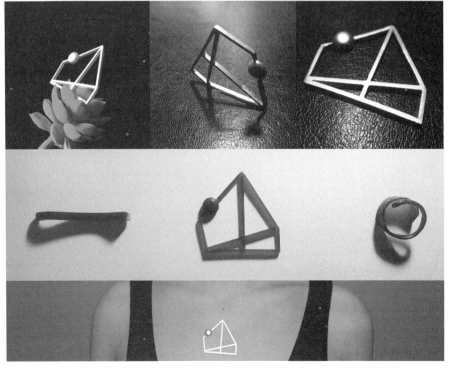

图3 选修课程：首饰设计。学生在首饰设计时，导入建筑构成的思维方法。同时，通过首饰制作的过程，了解金属工艺的特点

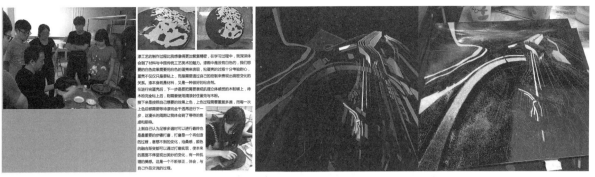

图4 选修课程：漆艺。室内专业学生在漆艺学习中，了解中国传统工艺美术中漆艺材料的魅力。以当代设计的思路，用传统工艺制作将现代建筑形式创造出丰富的视觉肌理

各个阶段的教学课程与其他学科相互整合、相互借鉴。例如，在居住空间设计中与家居设计整合，通过家具设计的空间化与集成化手段解决空间设计。在商业空间设计中与公共艺术整合，研究空间与多元化的艺术展示形式的交互体验等。同时，以公开课或选修课的形式，让学生参与到不同学科的学习中。例如，中央美术学院建筑学院室内设计专业，虽然依托于学院的建筑学平台，但并不局限于建筑、室内、景观这样的传统建筑领域内的跨学科，而是放眼于整个中央美院的"大美术"艺术氛围，让学生在更为广阔的知识范围体系去思考室内设计的多种可能性。

2017年三年级院级选修课

在中央美院6月份的选修课学期打破了专业的界限，室内设计专业学生可以进行服装设计、首饰设计、陶瓷烧制等专业的实践和学习，而雕塑系的学生也可以学习三维动画制作以及剪纸等民间美术技艺。在这种开放式课程的交叉学习中，设计教育的学科体系变得更加丰富和有机，学生的视野更加开阔，对于设计的理解更加深刻，这种跨学科的教学也与当代设计行业发展相契合，有利于将学生培养成为综合性创新人才。

3　结语

以需求导向为出发，对设计进行跨学科的策略化整合的模式从近年来各院校毕业设计成果所关注的课题方向也可窥其端倪。当然，指望在校学生依据自身极为有限的社会经验和生活能力就可以为复杂的社会问题提出可以立刻实施且行之有效的解决方法显然是不切实际的。以跨学科的方式拓展专业视野无疑在促进学生观察社会、思考社会、参与社会的能力和热情的同时，能够让他们习惯于通过多种途径以及多学科的介入寻找设计解决方案的工作方法。课题如果设置得当，还可以避免就事论事的局限，为系统性的设计解决方案提供某种创造性的启发，其目标是基于现实而超越现实。"创造一个有身体／灵魂／环境意识的设计，形成具有基本特性的框架，创造严格意义上的、由内而外打造成的家具、建筑和环境，并如诗般地展现在世人面前。"[3]总之，密切关注当下社会新生的尚处于变动中的需求、矛盾和趋势，是当前室内设计教育实践性和实验性得以保持鲜活和前沿性的基础，也是室内设计教育避免在象牙塔中孤芳自赏、闭门造车的重要途径。

注释：

① 阿里阿德涅之线：来源于古希腊神话，常用来比喻走出迷宫的方法和路径，解决复杂问题的线索
② （英国）Tim May，Jason L.Powell，《社会理论的定位》，中国人民大学出版社，2013-5，P301
③ [美] Karen A.Franck，[意] R.Bianca Lepori，《由内而外的建筑》，电子工业出版社出版，2013年，P06

图片来源：

图1 中央美院，2015级，郭元蓉绘。
图2 中央美院，2012级，刘思文绘。
图3 中央美院，2012级，毕媛媛绘。
图4 中央美院，2012级，姜苏阳绘。

作者：杨宇，中央美术学院建筑学院　副教授；李梦祎，中央美术学院建筑学院　硕士研究生

以地铁为核心的城市地下步行网络缺陷探析

——以北京西直门地区地下通道与香港尖沙咀地区地下通道系统为例

蒋宇　徐怡芳

The deficiency of the Urban Underground Public Space Using Subway as Core Connection ——Exemplified by the underground pedestrian tunnels in Xi Zhi Men, Beijing and in Tsim Sha Tsui, Hongkong

基金项目：住房和城乡建设部科学技术司.软科学研究开发项目"基于建筑学范畴的城市高层、超高层居住建筑空间布局节能设计及立体化有机生态系统亲地性设计研究"（2010—R5—1）

■ 摘要：以地铁步行通道为核心的城市地下步行网络形态虽然也可以以地铁为依托激活城市区域发展，但通过对比北京西直门地区与香港尖沙咀地下通道系统，发现这种网络形态在城市公共性、全时性及地下空间体验营造上存在一定弊端，实质上是封闭思维导致了对地下空间资源的浪费，不利于城市地下空间的发展。城市地下空间的发展建议以地下综合体为空间组织核心的方式代替以地铁步行通道为核心的城市地下公共空间网络，地铁步行通道作为整个网络的其中一部分或辅助节点。

■ 关键词：城市地下步行网络　地铁步行通道

Abstract：Although the subway stations can stimulate the local urban development，through the comparison of Xi Zhi Men underground pedestrian tunnel in Beijing and Tsim Sha Tsui underground pedestrian tunnel in Hongkong，it has revealed that using subway underground pedestrian tunnel as center core for urban underground public space network is unsuitable due to possible lack of openness to the public，night time coverage and quality underground spacial design. The essential cause is the idea of compartmental management and design method，which leads to the wasting of underground spacial resources，and it could hinder city's underground development progress. This article recommends using mixe-used urban underground complex as the center core for the city underground public space network instead of the subway system，which can be better used as supplementary function.

Keywords：Urban underground public space network，subway's pedestrian tunnel

1.城市地下公共空间步行网络概述

随着人们对城市地下空间利用的重视，我国许多城市越来越多地对城市地下空间进行大规模开发，从20世纪50年代的以人民防空工程建设为主，到如今在"平战结合"的原则下快速有序发展，大量地铁、地下建筑相继建成。城市地下公共空间包括或独立存在的，或作为建筑地下空间的地下停车库、地下公共服务设施和城市地下综合体[①]，供市民活动的下沉广场、中庭、地下街以及地下轨道交通公共站台与站厅部分。而将这些空间以公共步行空间加以连接，即形成了具有功能综合化、交通立体化、城市公共性、全时性开放特征的城市地下公共空间步行网络。近年来，我国地下轨道与地下市政基础设施的建设规模巨大，但我国城市地下公共空间利用还处于初级阶段，只有北京、上海等城市的局部地区出现了地下空间网络化的倾向，而欧美、日本等大城市已建成如纽约曼哈顿区、巴黎拉德芳斯地区和日本新宿地区等规模庞大的地下步行网络系统。

2.以地铁为核心的城市地下公共空间步行网络

地铁系统在北京、广州、上海等城市已经建成和发展了许多年，并形成了一定的规模。北京自从1969年第一条地铁通车，至2018年年底，北京地铁运营线路已有22条，运营里程达637公里，并且仍有多条地铁线路在建设或规划过程中，为城市交通的改善做出巨大贡献。基于地铁站点的建设，城市中出现了将地铁站周边的地下过街通道、商业性质的地下街和其他建筑的地下部分与已经建成的地铁系统连接，人们通过地铁交通系统可以到达周边区域或建筑，如此初步形成了以地铁步行通道为核心的城市地下步行网络形态，例如北京永安里地区地铁步行通道、香港中环地区地铁步行通道等。虽然这种以地铁站为核心的地下网络形态在一定程度上鼓励了公共交通出行，延伸了地铁步行系统的可达性，但也往往存在缺憾，如果不加以充分的认识或处理不当，容易导致城市地下空间利用的失效，甚至对城市地下公共空间的发展形成障碍。笔者以北京西直门地区的城市地下通道系统和香港尖沙咀地区的地下通道系统为例进行具体分析。两个地区在地下步行空间组织形态上存在本质上的相似性，但处理手法与理念上又具有差异性，这成为两个地区城市地下空间利用效率与利用状态迥异的因素，在本文探讨的问题上有一定代表性。

2.1 北京西直门地区城市地下通道

位于北京二环西北角的西直门地区城市地下通道系统主要由地铁2号线与4号线站台换乘通道与西直门嘉茂城市综合体（包含凯德Mall购物中心与地铁13号线西直门站台）地下步行空间组成，是北京西直门地区包括北京北站与西直门嘉茂城市综合体及地铁13号线、2号线、4号线西直门换乘站所组成的立体交通枢纽的一部分。西直门一直是北京的重要交通枢纽地区，1981年，西直门站所在的地铁2号线路段建成，到1999年，20世纪80年代建成的西直门立交桥经历了重大改造。为避免因公路的扩建导致的使用不便，将2号线地铁原部分旧出口封闭，并增加了地铁出口，但位置仍然在立交桥的四个斜向角，而后地铁4号线于2009年通车。4号线西直门站台位于2号线站台下方，相互基本呈平面垂直状布置，并结合2号线步行通道，修建了环形换乘通道，与2号线站台共用立交桥四个斜向角的出入口。结合连接位于立交桥西北方向的北京北站，地铁13号线站台与西直门嘉茂城市综合体的地下步行通道，这一地区地下步行体系整体呈环状加放射状的复合组织（图1）。

西直门立交桥体量庞大、流线复杂，并且车流密集，是北京地面交通拥堵地段之一。为方便地铁使用人群，在立交桥斜向对角四个位置设置多个地铁站独立式出入口，另外加上位于立交桥西北角的嘉茂城市综合体的地下部分的地铁出入口，人们可以从多个方向进入地铁系统，实现了地下交通枢纽换乘功能。

但是这看似完整的步行网络实际上却只是地铁运营系统的一部分。市民不通过安检并购买地铁票便无法使用位于西直门桥下的地下通道，而行人为了穿行西直门立交桥，依然要通过独立于地铁步行通道的地下人行通道达到穿行的目的，或数次通过机动车道，在机动车道边约1米宽的人行道行走（图2），对想要穿行立交桥的行人非常不友好。而对嘉茂城市综合体的影响就是其地下商业部分只能获得地铁站带来的人群增长，而无法获得利用地下步行系统穿行地上立交桥的人群。

2.2 香港尖沙咀地区地下通道

在香港，位于尖沙咀地区的地铁尖沙咀站与尖东站组成的地下步行网络，将周围诸多综合体、建筑或街道连通。尖沙咀曾经是九广铁路的终点站，火车站于1916年落成，成为当时香港交通的枢纽。随着城市更新，火车站大楼于1978年拆除，1979年香港地铁尖沙咀站建成并投入使用。2004年，位于尖沙咀地铁站东面的尖东站启用，此后这一地区逐渐形成了地下步行通道系统并与周边众多城市综合体、建筑与地区连接。2009年，两座地铁站间步行通道建成，荃湾线与西铁线在尖沙咀一尖东站实现站内换乘。此地区通道系统24小时对市民开放，如今是香港地区人流量最大的地铁站之一（图3）。

图1 西直门地区地铁步行通道示意图

图2 烈日下等待穿行立交桥区域的行人

图3 尖沙咀地区地铁步行通道示意图

但实际上，尖沙咀站与尖东站这两座相邻的地铁站并没有在站内真正实现互通，需要在两站之间换乘的乘客需要走出购票站区域并再次通过闸机进入站内，虽然持有"八达通"卡的乘客在30分钟内在两站之间换乘通过闸机时可以视为未出站而免于付款，但如果没有"八达通"卡，购买单程票的换乘乘客只得出站并再次购票进站。

2.3 北京西直门地区地下通道与香港尖沙咀地区地下通道的对比

从空间组织形态来讲，北京西直门与香港尖沙咀两个地区的地下通道系统有相似之处，同样属于城市地铁公司或部门管理的单纯步行空间，主要通道内均无商业店铺或节点休息空间，保证了通道内人流的快速通过，减少滞留人群。两地地下通道空间组织方式都以环状与放射分支形式的复合形式连通两座地铁站，并以多个出入口连接周边建筑或地区。由于西直门地区与尖沙咀地区的经济发展、街道形态、人口密度、功能业态等方面都有很大差别，这些差别对两个地区地下通道的形态、内部设施与利用强度等方面具有不同的影响，但本文只针对这两个地区城市公共地下通道系统的公共性进行对比分析，即两地区的通道截然不同的公共开放程度。西直门地区的地下通道为地铁使用人群专用，在进入后即需要进行安检与购票，通往西直门立交桥周边各个方向的地道却无法用作穿行立交桥的通道[2]，并且开放时间与2号线地铁运营时间相同，导致夜间无法使用。同样是对地下通道规模进行逐步扩充形成的地下步行系统，从形式上来看设计之初和扩建过程中两地均没有考虑城市公共人群的穿行行为与地铁换乘人群同时存在。香港尖沙咀地区如果像北京西直门地区地铁站那样将检票闸口置于各地上出入口附近，将整个地下通道划入购票区域后即可实现站内直接换乘，但是，最终港方并没有采取这样的措施，而是选择了城市公共性优于地铁运营管理的便捷性，此做法也使当地地下通道通行时段不受地铁运营时段的限制，实现了地下公共空间的全时性畅通。

2.4 以地铁为核心的城市地下公共空间网络的特点与弊端

以地铁为依托发展城市地下空间是可行的，地铁站可以产生大量的人流，对周边地区活力起到激发作用。但当以地铁系统及其延伸作为地下步行系统空间上的核心时就会暴露出弊端。首先，地下空间主体属于地铁部门管理，导致可能出现地铁部门单独享用地下资源的情况。其次，此种地下步行系统设计时主要为了服务地铁使用人群，其各项考虑因素皆以地铁使用功能为主，如此在作为地铁快速有效地引入和输出人流的单一使用上考虑是没有错误的，在设计上也无须考虑对人流的吸引作用及停留休息功能，很容易出现地下空间形式过于单一或压抑的情况，不利于抵消人们对城市地下空间使用的心理刻板印象。最后，从时间的维度来讲，以地铁步行通道为枢纽核心的地下网络的开放时间一般以地铁的运营时间作为参考，而地铁站夜间封闭检修是我国各城市地铁系统的普遍做法，由于地铁站的关闭会直接导致整个地下网络的隔断，在人员密集的地区不可避免地出现夜间出行不便，与一些城市鼓励发展夜间经济的政策引导方向不符[3]。

当然，在香港地区的某些地段也存在以地铁为地下空间网络核心的情况，比如前文提及的中环地区，连接置地广场、历山大厦等多个建筑的地铁中环站与位于香港金融中心的香港站在空间组织上是连通的，但也只能通过购买地铁票才可以在地下通道实现穿行。但因中环地区有着空中人行天桥系统，将这些地区基本串联（图4），地下通道步行的功能需求由此得到减弱。但如果不存在其他层面步行空间的配合，在本可以作为公共地下通道的人行道系统被地铁部门单独隔离使用就会导致对地下空间资源的浪费。基于对这种现象的思考，笔者试提出替代方案建议，即以城市地下综合体代替地铁成为城市地下空间网络的核心。

3. 以城市地下综合体为核心节点的地下空间网络

城市地下综合体可概括为两种形式：地下街网络式的城市地下公共空间或以城市综合体地下部分作为城市地下公共空间。尾岛俊雄在《城市地下空间设计》中就提出以地铁、道路、管廊为干线，以大规模地下城市综合体为节点的城市复合干线网的设想。

3.1 地下街网络

"地下街"一词的用法源于日本，根据童林旭教授在《地下商业街规划与设计》中的研究，"地

图4 香港中环地区空中人行廊道

下街"是20世纪30年代日本出现的一种供步行使用的地下连接通道，其最初基本形态是两侧为商铺的步行通道。随着日本城市地下建筑的发展，"地下街"广义上已经不只是地下通道与商店的组合，而是包含了更多其他互相依赖的公共设施，以及周边建筑与之连通的地下室。比如，上海五角场地下步行网络是以地下街式的地下城市综合体为核心的模式，将周边红五星地铁站、江湾体育场地铁站、百联又一城等诸多建筑与设施通过地下街连接（图5）。

3.2 城市综合体的地下空间

多位学者对关于城市综合体作出的定义有不同之处，本文引用的是王桢栋先生在其著作《城市综合体的协同效应研究》中对城市综合体尝试性的定义[4]，而取决于城市综合体在城市的所在位置、周边设施和自身设计，综合体与城市之间可形成终点型关系或节点型关系[5]。终点型城市综合体虽然与城市之间通过步行道或地铁等形成了一定关联，但只是作为一种目的地场所，人员来到城市综合体仅仅是为了工作、生活、消费、娱乐等活动，针对城市综合体对于周边城市活力激发的优势并没有完全发挥。而相对的，节点型城市综合体可以作为城市立体化交通的一部分，能够吸引更多的人群。城市综合体可成为城市地下步行系统之中网状或枝状结构的立体节点，地下步行系统不但为综合体本身提供更大的过往人流量，同时对周边城市同样起到激活与塑形作用。

以上两种形式都可以将城市地铁系统有机地纳入其中，但是是以复合并联性质[6]的组织方式将其作为整个网络的其中一部分或辅助节点，而不是作为整个网络系统的空间组织中的核心。

4. 结语

在我们身边，仍充斥着许多非保密性质的建筑或功能区，在城市中划出一片完全专属领域，并以各种形式隔离，避免外来人群对内部秩序与经济带来不必要的扰动。我国早些年的"单位大院"模式，从幼儿园到医院，内部功能多样，员工的生产生活、医疗、娱乐、子女教育、摆渡交通等大多数需求均可在院区内解决，以至于其中的人员与社会在某种程度上脱离了联系，院区以外的人无法享用内部的功能，院区内部人员也可不考虑与所在城市建立日常联系，并以由此带来的共同体安全感与优越感为荣，更不必考虑单位院区与周围城市协同发展的情况，并形成了某种自治性。"单位大院"的组织形态如今随着社会体制改革已经趋向没落，但这样的建筑与规划思想并不罕见，上文列举的西直门地区地下步行通道的做法既是如此。希望在地下公共空间设计上多维度考虑公共空间的城市性与其公共空间的本

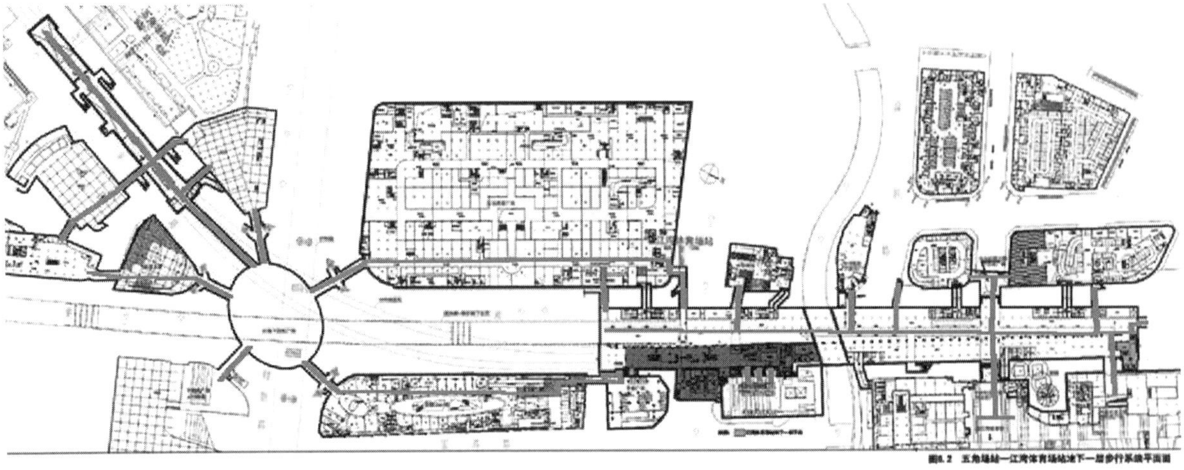

图 5　上海五角场地下步行系统

质，在管理上学习其他地区的先进理念和思维方法，取长补短，有益于提高城市地下空间利用效率，进一步激发所在城市区域的发展。

注释：

① 本文引用贾坚在《城市地下综合体设计实践》一书中对城市地下综合体的定义："在城市整体规划框架之下，以公共交通为引导，并与商业、娱乐、停车、会展、文体、办公、市政、仓储、人防等两项以上功能进行有效集聚整合而形成的大型城市地下空间"。

② 除了形式上的安检步骤外，同一地铁站进出仍需要按最短路程计算扣除费用，使得单独利用地铁步行通道穿行西直门立交桥区域的行为在成本上不可接受。

③ 例如，2019 年北京市商务局印发《北京市关于进一步繁荣夜间经济促进消费增长的措施》。

④ 此定义为"以地产经营为基础，已持续开发为理念，复合城市四大基本功能（居住、工作、游憩、交通）中至少三类，并通过激活城市公共空间，高效组织步行系统，以实现经济集聚、资源整合和社会自理为目的的城市系统"。在这个定义下城市综合体的三个属性分别是：综合体内部功能之间的高效组织与互补关系；拥有城市四大功能中三种以上的主要功能；与周边城市、建筑、市政设施的综合发展的性质。

⑤ 王桢东在《城市综合体的协同效应研究》中列举了作为城市立体节点的城市综合体对自身及城市的增益效果。

⑥ 根据贾坚所著《城市地下综合体设计实践》中将地下轨道交通与城市地下综合体设计空间平面组织关系分为镶嵌模式、缝合模式、临街模式与通道连接模式。前三种模式可视为并联组合方式，而不是以地铁为核心联通其他地下设施的组织方式。

参考文献：

[1] 卢济威，庄宇．城市地下公共空间设计 [M]. 上海：同济大学出版社，2018.

[2] 邵继中．城市地下空间设计 [M]. 南京：东南大学出版社，2016.

[3] 程光华，王睿，赵牧华，苏晶文，杨洋，张晓波．国内城市地下空间开发利用现状与发展趋势 [J]. 地学前缘，2019，26（03）：39-47.

[4] 新华网 http：//www.xinhuanet.com/politics/2018-12/30/c_1123928959.htm?baike

[5] 芮玉萍，文言．安全、快速、高效拆除西直门旧桥，为建新桥赢得时间 [J]. 市政技术，2000（04）：50-55.

[6] 京港地铁官网 http：//www.mtr.bj.cn/about/history.html

[7] 北京地铁官网 https：//www.bjsubway.com/culture/dtzs/xljs/#lsyg

[8] 孙晓临，梁青槐．地铁车站出入口设施优化设置研究 [J]. 都市快轨交通，2012，25（01）：47-50.

[9] 郭锦龙．城市轨道交通枢纽综合体换乘与商业衔接空间设计研究 [D]. 北京建筑大学，2018.

[10] 吴景炜．香港尖沙咀—尖东地铁站域空间综合开发的评价与启示 [D]. 华南理工大学，2013.

[11] [美] 吉迪恩・S・格兰尼，[日] 尾岛俊雄著，许方、于海漪译．城市地下空间设计 [M]. 中国建筑工业出版社，2005.

[12] 童林旭．地下商业街规划与设计 [M]. 北京：中国建筑工业出版社，1998.

[13] 王桢栋．城市综合体的协同效应研究 [M]. 北京：建筑工业出版社，2018.

[14] 董贺轩．城市立体化设计——基于多层次城市基面的空间结构 [M]. 南京：东南大学出版社，2010.

[15] 徐方晨，董丕灵．江湾—五角场城市副中心地下空间开发方案 [J]. 地下空间与工程学报，2006（S1）：1154-1159.

[16] 陈仲阳．"大院"与集体认同的建构 [D]. 南京大学，2019.

[17] 贾坚．城市地下综合体设计实践 [M]. 上海：同济大学出版社，2015.

图片来源：

图 1 以百度地图为底图根据现场资料自绘

图 2 作者提供

图 3 以百度地图为底图根据现场资料自绘

图 4 作者提供

图 5 徐方晨，董丕灵：江湾—五角场城市副中心地下空间开发方案

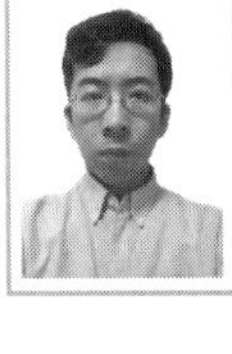

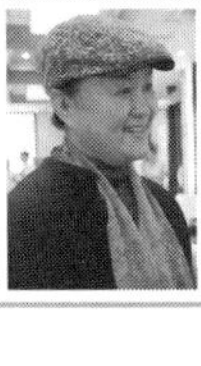

作者：蒋宇，北京建筑大学在读研究生，国家二级注册建筑师；徐怡芳，北京建筑大学安邦城市研究院副院长，博士，教授，硕士生导师